0세부터 시작하는

감정조절
아기훈육법

일러두기

- 이 책에서는 언어이해력 발달을 기준으로 생후 48개월까지는 '아기'로, 생후 48개월 이후는 '아이'로 구분해 표기했습니다(일반적으로 생후 48개월 이전의 시기에는 기분이 좋으면 양육자가 말을 길게 설명해도 이해할 수 있습니다. 그런데 스트레스를 받는 상황에서는 이해하기 힘들어합니다. 48개월이 지나면서는 스트레스 상황에서도 양육자가 길게 설명하는 말을 이해할 수 있으므로 이 월령을 기준으로 '아기'와 '아이'로 구분했습니다).

- 이 구분에 따라 '아기'에게 간단한 행동으로 메시지를 전하는 훈육을 〈아기훈육〉으로, '아이'에게 말로 설명하면서 메시지를 전하는 훈육을 '아이훈육'으로 정의했습니다.

말이 아닌 행동으로 아기와 소통하는 0~5세 육아의 기본 필독서

0세부터 시작하는
감정조절
아기훈육법

김수연 지음

SIGONGSA

감정조절능력을 키우는 〈아기훈육〉은 0세부터 시작해야 합니다

상담과 강연을 통해 만나는 부모들에게 아이를 키우면서 가장 힘든 일이 무엇이냐는 질문을 하면, 울거나 떼를 쓰는 아이를 훈육하는 일이라고 답하는 경우가 많습니다. '훈육'이라는 말의 권위적인 느낌 때문인지 아직 그 단어만 들어도 거부감을 느끼는 부모들이 있지만 방송 매체를 통해 소위 '금쪽이'라고 불리는, 스스로 감정을 조절하지 못하는 아이들의 육아 사례가 자주 소개되면서 지금은 훈육의 중요성과 필요성에 대한 공감대가 어느 정도 형성된 것 같습니다.

하지만 훈육에 대한 인식의 변화와는 달리 그 적용에 있어서는 부모들의 걱정과 갈등이 커집니다. 아직 어린아이를 혼내거나 "안 돼!" 하면서 행동을 제지하면 자존감이 낮아지거나 애착 형성에 문제가 생길까 봐서 걱정이고, 자기중심적으로 행동하고 심하게 떼를 쓰는 아이에게 그냥 오냐오냐 하다 보면 나중에 커서 학교나 사회에서 적응하지 못할 것 같아 걱정이 됩니다. 특히 아이 하나를 초보 부모가 양육하는 경우가 많은 요즘에는 훈육이 필요한 순간에 어떻게 해야 할지 걱정과 갈등이 자주 생기는 게 부모들이 처한 현실입니다.

아이를 올바르게 훈육하기 위해서는 먼저 부모가 훈육의 목적을 깊이 생각해야 합니다. 훈육은 부모의 권위와 힘으로 아이를 훈련시켜 단순히 부모 말을 잘 듣는 아이로 키워내는 육아 기술이 아닙니다. 아이가 성장하면서 접하게 되는 다양한 스트레스 상황을 스스로 이겨내는 감정조절능력을 키워주는 것이 바로 훈육의 목적입니다. 훈육은 아이가 남을 배려하고 잘 어울리며, 책임감과 자존감 높은 성인으로 성장하기 위해 꼭 필요한 과정입니다. 훈육의 목적이 올바르면 아이를 대하는 부모의 훈육 태도와 방법도 일관되고 올바를 수 있습니다.

최근 아기의 뇌 발달 연구결과를 보면, 태어나서 만 3세 이전까지가 감정조절능력을 형성하는 기초신경망을 키우는 중요한 시기라고 증명하고 있습니다. 이 시기에 스트레스 상황에 노출되어 스스로 감정을 조절해보는 경험들로 인해 뇌의 감정조절 기초신경망이 충분히 형성되어야만 3세 이후 어린이집, 유치원 등에서의 단체 활동에 쉽게 적응할 수 있고 갈등 상황에서 상대방을 이해하는 힘을 키울 수 있다는 것입니다.

안정적인 애착 형성을 위해 만 3세 이전의 아기에게는 절대 스트레스를 주지 말라는 이야기들은 아기의 뇌 발달에 대한 연구결과들이 나오기 전의 이야기입니다. 아기의 뇌 발달에 대한 연구결과들을 고려한다면 아기의 감정조절신경망 형성을 위해서는 0세부터 시작해야 하는 〈아기훈육〉이 필요합니다. 최근 아기 뇌 발달의 연구결과는 우리나라에서 전통적으로 내려오던 '아기를 손타지 않게 키우라'라는 육아 지혜를 뒷받침해주고 있습니다.

그래서 말을 알아들을 수 있을 때 시작하는 '아이훈육' 이전에 출생과 동시에 시작하는 〈아기훈육〉이 필요합니다.

그렇다면 말로 소통이 어려운 어린 아기는 어떻게 훈육해야 할까요?

만 4~5세 이전에는 기분이 좋을 때 말을 잘 이해하더라도 스트레스 상황에서는 자기중심적이 되므로 부모가 길게 설명하는 말은 이해되기가 어렵습니다. 따라서 스트레스 상황에서는 부모가 안 된다는 설명을 아무리 반복적으로 말해도 아이의 행동 수정에는 도움이 되지 않습니다. 스트레스 상황에 처하게 되면 부모의 말을 그냥 반복되는 소리나 소음으로 받아들이기 때문입니다. 이 사실을 잘 모르는 부모는 목소리가 높아지게 되는 것입니다.

아직 스트레스 상황에서 부모의 말을 이해하기 어려운 시기에는 아기의 발달 특성이나 기질, 상황에 따라 부모의 얼굴 표정, 침묵, 거리 두기 등의 표정과 행동으로 메시지를 전하는 맞춤 아기훈육법을 적용해야 합니다. 이 책에는 다양한 〈아기훈육〉의 방법들이 그림과 함께 충실하게 소개되어 있습니다.

1부에는 아기의 뇌 신경망 발달 관련 연구결과를 바탕으로 〈아기훈육〉의 정의와 필요성에 대해 소개했습니다. 특히 애착장애에 대한 두려움 때문에 발생하는 과잉보호가 아기의 감정조절능력 발달에 얼마나 큰 장애 요인이 되는지에 대한 설명과 해결방법을 제시하고 있습니다. 그리고 성공적인 〈아기훈육〉을 위해서 아기가 부모를 신뢰할 수 있게 도와줄 수 있는 다양한 방법, 그리고 아기의 선천적인 기질과 타고난 공격성을 이해하는 방법, 일상에서 쉽게 활용할 수 있는 아기훈육법 13가지를 소개하고 있습니다. 초보 부모의 이해를 돕고 쉽게 적용할 수 있도록 자세한 그림을 더했습니다.

2부에는 발달기별로 아기의 발달 특성을 이해하고 어떻게 〈아기훈육〉

을 적용해야 할지를 다양한 사례와 함께 자세히 다뤘습니다. 특히 출생부터 생후 48개월까지는 복잡한 말보다는 표정과 침묵, 거리 두기 등 즉각적인 행동으로 메시지를 전하는 〈아기훈육〉의 방법을 설명하고, 언어이해력이 성장해서 스트레스 상황에서도 긴 문장을 이해할 수 있는 48개월 이후에는 말로 하는 '아이훈육'의 방법을 소개했습니다. 그리고 각 장의 끝부분에는 육아 중에 자주 발생하는 상황별 훈육 고민들을 정리해서 Q&A와 칼럼의 형식으로 해결책을 제시했습니다.

마지막으로, 어려서부터 집안일에 참여했던 아이들이 성장했을 때 갈등 상황에서 상대방을 이해할 수 있는 힘이 커지고 사회적 성공 가능성이 높다는 연구결과를 토대로 "'집안일 함께하기' 월령별 훈육 가이드"를 책 속 부록으로 마련했습니다. 집안일을 통해 가족이라는 공동체 의식을 갖고 집안일을 함께함으로써 부모를 배려하는 경험을 제공하는 것이 감정조절능력을 발달시키는 훌륭한 훈육법이 될 수 있기 때문입니다.

출생률 최저의 시대에 아기를 낳고 키우기로 큰 결심을 한 초보 부모들이 좀 더 수월하게 아기를 키울 수 있도록 최근의 아기 뇌 발달 관련 연구결과를 토대로 지난 30여 년의 노하우를 이 책에 담았습니다. 아기 때부터 소중한 내 아이의 감정조절능력을 키워주고, 아이가 스트레스를 이겨내면서 꾸준히 새로운 과제에 도전해 나아가는 힘을 키워주고 싶은 초보 부모들에게 이 책《0세부터 시작하는 감정조절 아기훈육법》이 좋은 선물이 되기를 바랍니다.

신촌 연구실에서
김수연

차례

4장

상황에 따라 대처하는 아기훈육법 13가지

◆ 2부 ◆
발달기별로 알아보는 내 아기 맞춤 훈육법

1장   출생~생후 6개월 〈아기훈육〉

2장 생후 7~16개월 〈아기훈육〉

5장 생후 48개월 이후 '아이훈육'

1부

●●●

소중한 내 아기의
감정조절능력을 위한
〈아기훈육〉

〈아기훈육〉은 아기의 감정조절능력과 사회성 발달을 위해 부모가 반드시 알아야 할 기본적인 육아법입니다. 1장에서는 아기 뇌의 신경망 발달 연구결과를 통해 신생아 때부터 스스로 감정을 조절할 수 있는 기회를 제공해야 한다는 〈아기훈육〉의 필요성에 대해 소개합니다.

특히 애착장애에 대한 두려움 때문에 발생하는 과잉보호가 아기의 감정조절능력 발달에 얼마나 큰 장애 요인이 되는지, 그리고 애착장애의 공포 때문에 발생하는 육아의 문제점과 해결책에 대해서도 제시하고 있습니다.

1장

왜 〈아기훈육〉이 필요할까요?

아기에게
건강한 눈치를 키워주세요

●
▲
■
◆

"애가 울잖아. 아기가 스트레스받으면 애착장애 생겨. 울리지 마."
"우리 아기 심심한가 봐. 엄마가 빨리 몸 놀이 해줄게."

언제부터인가 육아 책과 인터넷상의 여러 정보는 아기가 스트레스받거나 울지 않도록 키우는 것이 부모가 아기를 사랑하는 일이라고 말하고 있습니다. 아기가 스트레스를 받지 않고 자라야 자존감도 높아지고 사회성도 좋아진다고 말합니다.

그래서 아기 엄마는 다니던 직장도 그만두고 하루 종일 육아에 열중하면서 아기가 조금의 스트레스도 받지 않게 노력합니다. 하지만 부지런히 노력하는 아기 엄마의 스트레스는 이만저만이 아닙니다. 이렇게 3년을 애지중지 보살핀 아기가 어린이집을 다니게 되면 아기 엄마는 또 다른 양육 스트레스에 빠집니다. 첫 사회생활이라 볼 수 있는 어린이집에 적응하지 못하는 아기가 갈수록 늘어나고 있기 때문입니다.

세 살이 되어 부모의 품을 떠나 어린이집에 다니기 시작하면서 또래 친구들과의 문제가 조금씩 생기는 아기가 늘어나고 있습니다. 이런 아기들은 자기 기분이 좋으면 친구의 기분을 무시하고 무작정 다가가서 스킨십을 시도해 친구에게 외면당하기 일쑤입니다. 때론 화나는 감정을 조절하지 못해서 친구들을 때리기도 합니다.

부모는 또래 친구들과 상호작용이 어려운 아기를 보면서 혹시라도 초등학교에 가서 왕따를 당하거나 학교 폭력에 연루되면 어떡하나 하는 걱정에 불안해집니다. 감정조절이 어려운 아기 중에서는 선생님에게서 '적응이 어려우니 전문기관에서 발달평가를 받아보라'라는 말을 듣게 되기도 합니다. 걱정이 앞서 인터넷 검색이나 유튜브를 통해서 어린이집에 적응이 어려운 아기들의 특성을 찾아보면 애착장애, 자폐스펙트럼장애, 발달장애 등 초보 부모를 겁나게 하는 용어와 정보가 쏟아져서 밤잠을 이루지 못하기도 합니다.

분명히 여러 육아 책에는 출생 후 3년 동안 아기가 스트레스받지 않게 사랑으로 키우면 사회성도 좋아지고 자존감도 높아진다고 씌어 있습니다. 그래서 아기가 태어나자마자 최선을 다해 키워왔는데 왜 이런 현상이 늘어가고 있을까요?

아기는 태어나면서부터 자신이 생존하기 위해서는 부모의 도움이 절대적으로 필요하다는 것을 알고 있습니다. 아기는 부모와 잘 지내기 위해서 부모가 칭찬해주는 행동은 스스로 강화하고, 부모가 좋지 않다고 반응하는 행동에 대해서는 절제합니다. 매번 부모가 아기의 행동에 공감만 해주고 칭찬만 해준다면 아기는 자기 행동에 절제가 필요하지 않다고 생각하게 됩니다.

아기가 커가면서 세상 사람들과 더불어 살아가기 위해서는 어떤 행동을 강화하고 어떤 행동을 절제해야 하는지에 대한 가이드가 꼭 필요합니다. 잘했다는 칭찬과 함께 때로는 안 된다는 명확한 메시지를 전달해야 아기는 부모의 반응을 의식하면서 사회성 발달에 기초가 되는 '건강한 눈치'를 만들게 됩니다. 부모의 감정을 의식하는, 즉 부모와 더불어 살아가려면 어떤 규칙을 지켜야 하는지를 생각하는 '건강한 눈치'를 키우는 것이 바로 타인과 더불어 살아가는 데 필요한 사회성 발달의 시작이자 기본입니다.

만일 아기가 하는 모든 행동에 대해서 부모가 공감만 해준다면 아기는 부모의 감정과 반응을 고려할 필요를 느끼지 못하므로 '건강한 눈치'가 만들어지지 못할 것입니다. 이런 아기는 커가면서 점점 더 자기중심적인 성격으로 성장할 것입니다.

이와는 다르게 사람을 좋아해서 자기 기분대로 반가움을 표현하는 아기도 있습니다. 얼핏 보면 사회성 형성이 잘 되어 있는 아기처럼 보이지만 이런 아기에게도 상대방의 기분을 먼저 살피고 호감을 표시해야 한다는 〈아기 훈육〉이 필요합니다. 반가움의 표현을 친구가 거부한다면 이를 존중해야 한다는 사실도 알게 해야 합니다. 더불어 살아가기 위해서는 하고 싶은 일이 있어도 하지 않는 힘이 있어야 합니다. 또한, 하고 싶지 않은 일이 있어도 견디며 해내는 힘도 있어야 합니다.

자녀의 사회성 발달을 위해 부모가 가정에서 해야 하는 일을 가정교육 혹은 훈육(품성이나 도덕 따위를 가르쳐 기름)이라고 이야기합니다. 훈육의 기본은, 가족은 물론 이웃들과 같이 살아갈 때 지켜야 할 규칙이나 의무를 자녀에게 알려주고 익히게 하는 것입니다.

예전에는 형제가 많거나 여러 친인척이 모여 생활하는 환경에서 성장하는 경우가 많았습니다. 이런 환경에서 자란 아기는 매번 자기만 배려받을 수 없다는 것을 자연스럽게 경험하게 됩니다. 성장하면서 매일매일 새로운 갈등을 겪으면서 언제 누가 먼저 배려받아야 하는지를 판단하고 행동하는 건강한 눈치를 자연스레 발달시킬 수 있었습니다.

하지만 산업화시대를 지나오면서 혈연으로 이어지는 공동체 생활은 거의 사라지고 핵가족화가 확대되어 이전 같은 생활 속에서 자연스럽게 행해지던 훈육은 실행하기가 어렵게 됐습니다. 핵가족 시대에 맞추어 아기 때부터 부모의 반응을 살펴가면서 자기 행동을 결정할 수 있게 도와주는 양육법이 바로 이 책에서 설명하는 〈아기훈육〉입니다.

사회성은 개인의 성공은 물론 행복을 좌우하는 중요한 요소가 되었습니다. 사회성이 떨어지는 사람들의 보편적 특징은 다른 사람들의 반응을 의식하지 않고 자기 기분대로 행동한다는 것입니다. 혹은 대인관계를 오직 자신의 목적 달성을 위한 수단으로만 활용하기도 합니다. 상대방의 감정을 읽으려고 하지 않는 사람을 우리는 눈치가 없는 사람, 자기중심적인 사람, 사회성이 떨어지는 사람이라고 말합니다.

회사에서는 성과를 인정받고 칭찬을 받는데 가정에서는 자기중심적이 되는 어른들도 있습니다. 이런 사람들은 회사에서는 다른 사람들을 배려하면 자신에게 이익이 온다고 생각해 배려하는 태도를 적극적으로 보이지만 자신의 어떤 행동도 이해해줄 거라고 믿는 가족들에게는 매우 자기중심적으로 행동합니다. 이런 성향은 가까이에 있는 가장 소중한 사람들에게 큰 상처를 주는 결과를 만들기도 하는데 감정조절능력이 부족한 사람들의 특징이라고 할 수 있습니다. 이러한 특징들은 자폐 성향을 가진 아이들에게서도 볼 수 있습니다.

요즘에는 선천적으로 자폐 성향을 갖고 태어나지는 않았지만 부모와 사회의 과잉보호 속에서 점점 자폐 성향이 강해지는 아이가 많아지고 있어 걱정이 큽니다.

아기 때부터 부모와 형제를 배려하게 훈육하는 것은 아기의 마음에 상처를 주거나 아기의 뇌 발달을 지연시키는 아동학대나 방임이 아닙니다. 오히려 아기에게 기다리는 힘, 배려하는 힘을 키울 수 있는 환경과 기회를 제공하는 것입니다. 불편한 상황이 생겼거나 바라는 것이 있어도 조금만 기다리면 부모가 그 불편함을 해소하고 욕구를 충족시켜준다는 사실을 깨닫고 스트레스 상황에서 덜 울면서 부모의 돌봄을 기다릴 수 있게 해주는 일이 바로 〈아기훈육〉입니다. 화가 난다고 자기 몸을 해치거나 다른 사람에게 공격적인 행동을 하려고 할 때, 자신의 행동을 절제할 수 있게 도와주는 일 또한 〈아기훈육〉에서 시작됩니다.

아기 때부터 기다리는 일에 스트레스를 덜 받고, 화가 나도 욱해서 자기 몸을 해하거나 상대방에게 공격적인 행동을 하지 않을 수 있어야 성인이 되어서 겪게 되는 많은 갈등 속에서 스트레스를 덜 받게 되고 스스로 높은 자존감을 가질 수 있습니다.

우리는 이 지구에서 더불어 살아가야 하는 운명을 갖고 태어났습니다. 이를 위해서는 아기 때부터 부모와의 상호작용을 통해 감정을 조절하고 주변을 배려하는 힘을 키우도록 해야 합니다. 이 힘을 키워주는 것이 바로 〈아기훈육〉의 목표입니다.

〈아기훈육〉은
신생아 시기부터 시작하세요

●
▲
■
◆

아기 뇌에 감정조절을 위한 기초신경망을 만들어주세요

1950년대까지는 아기의 뇌 발달에 대한 연구결과가 없었으므로 교육학 연구에 바탕을 두고 양육환경이 아기의 발달에 100% 영향을 미친다고 생각했습니다. 따라서 아기에게 많은 애정과 칭찬을 해주면 아기가 부모를 신뢰하고 친구 같은 자녀로 성장한다고 생각했습니다.

1970년대 이후부터 아기의 뇌 발달과 선천적인 기질에 관한 연구가 시작되었습니다. 아기의 뇌 발달에 관한 연구들은 태아 초기부터 발달되는 아기의 뇌 신경망이 아기의 기질과 발달에 영향을 미친다고 이야기하기 시작하였습니다. 그리고 1970년대와 1980년대에 진행된 아기의 뇌 발달에 대한 활발한 연구결과들은 1990년대 이후부터 세상에 알려지기 시작하였습니다.

자녀를 많이 낳던 시절에는 자녀의 외모나 인지능력, 운동능력에 가족력의 영향이 크다는 사실과 같은 부모 밑에서 태어났어도 부모가 키우기 쉬운 자녀가 있고 키우기 힘든 자녀가 있다는 사실을 경험적으로 알고 있었습니다. 키우기 힘든 자녀는 부모 입장에서 훈육이 힘든 자녀였고, 키우기 쉬운 자녀는 훈육이 쉬운 자녀였을 것입니다. 이렇게 경험적으로 알고 있던 사실을 1970년대 이후 과학적인 연구결과들이 아기의 기질과 발달 특성은 선천적으로 타고난다고 알려준 것입니다.

　이러한 연구결과들은 기질적으로 키우기 힘든 아기라면 감정조절능력이 우수한 부모도 육아를 하는 동안 자꾸 화를 내게 만들어 감정조절을 어렵게 만들 수 있다고 말하고 있습니다. 환경의 영향을 강조하는 교육학이 주장해온 대로 부모가 감정조절을 잘 못해서 감정조절을 못 하는 아기가 만들어진 것이 아니라 오히려 감정조절이 잘 안 되는 아기를 키우는 부모가 너무 힘들어서 감정조절을 잘하지 못하게 될 수도 있다는 새로운 관점을 제시해준 것입니다.

　이러한 아기의 뇌 발달에 기초한 다양한 연구결과가 있는데도 불구하고 부모의 양육 태도가 아기에게 100% 영향을 미친다는 1950년대 전후의 이야기들이 아직도 우리 사회에 널리 퍼져 있는 것은 매우 안타까운 일입니다.

　아기의 뇌 발달 관련 연구결과들은 아기가 스트레스 상황에서 스스로 스트레스를 느끼는 감정을 가라앉힐 수 있는 능력이 아기 뇌의 안와전두피질OFC: Orbital Frontal Cortex의 발달과 관련이 있다고 말하고 있습니다.

　안와전두피질이 잘 발달되어야 스트레스 상황에서 감정조절이 가능하고, 삶의 다양한 어려움 속에서 감정적으로 반응하지 않으면서 사람에 대한 공감능력, 감정이입능력, 감성과 이성 간의 균형유지력 등 이성적인 판단을 유지하며 대인관계를 발달시킬 수 있다는 것입니다.

　안와전두피질이 잘 발달된 아기는 정서적 안정감을 주는 세로토닌 신경도 활발해진다고 합니다. 태아기 9개월 때부터 생후 36개월까지가 안와전두피질 발달의 결정적인 시기이므로 임신 중은 물론, 아기가 태어나서 생후 36개월까지 아기 뇌의 안와전두피질이 활성화되도록 노력해야 합니다.

　아기 뇌의 안와전두피질이 발달되기 위해서는 애착과 신뢰 위에 적절히 자기통제를 할 수 있는 양육 태도가 함께해야 합니다. 아기 때부터 통제와 제한 없이 애정만 주어지는 환경에서는 안와전두피질이 충분히 발달하지 못하게 됩니다. 애정만 주어지는 환경은 아기가 성장해가면서 상대방의 입장을 이해하고 배려하는 사회성 발달에 큰 어려움을 겪게 만드는 결과를 가져오게 됩니다.

물론 만 3세 이후에라도 어린이집, 유치원, 학교생활과 직장생활을 통해서 지켜야 할 규칙이 있다는 사실을 알게 되고 규칙을 지키지 않았을 때 자

안와전두피질 발달 시기

① 기초신경망 형성 시기(임신 기간~만 3세까지): 기다리는 힘, 부모의 지시에 따르는 힘이 만들어지는 시기

② 신경망 폭발 시기(만 3세~만 5, 6세): 말로 전달되는 규칙을 이해하고, 규칙에 따라서 유혹을 이겨내고 충동적인 행동을 억제하는 힘을 기르는 시기

③ 신경망 완성 시기(사춘기~성인기): 상황에 따라서 상대방의 입장을 이해하고 상호협의하는 소통의 힘을 키우는 시기

감정조절능력이 탁월한 경우의 결과

① 유혹적인 상황에서 자기 욕구를 누르고 하지 말라는 행동을 하지 않을 수 있다.

② 자기 행동의 목적을 정하고 자기 행동의 방향을 설정해 매 순간 자신이 목적 달성을 위한 행동을 하고 있는지를 모니터할 수 있다.

③ 주어진 상황(사회문화적 환경)에 맞춰서 행동하기 전에 여러 번 자신과 타인의 입장을 검토하고 융통성 있게 자기 행동을 계획하고 모니터할 수 있다.

신에게 불리한 상황이 만들어진다는 것을 깨달으면서 감정조절능력을 스스로 키워갈 수 있습니다. 그렇지만 만 3세까지 형성되어야 하는 기초신경망이 제대로 형성되지 못한 상황이므로 만 3세 이후에 〈아기훈육〉이 시작되는 경우에는 아기, 부모뿐만 아니라 아기를 교육시키는 교사에게도 더 큰 노력이 필요하게 됩니다. 부득이한 경우에는 전문가의 손에 의해서 감정을 조절하고 상대방을 이해하기 위한 발달프로그램Developmental Therapy의 도움이 필요하기도 합니다.

세 살 버릇 여든까지 간다는 옛말이 있습니다. 많은 자녀를 낳아서 키워본 경험으로도 만 3세 때 아기의 기질적인 특성이 어른이 되어서도 나타난다는 것을 알게 되었기 때문입니다.

안와전두피질의 기초신경망 발달은 생후 3년입니다. 그 후에도 지속적인 가정교육과 보육 및 교육기관을 통해 만 5~6세까지는 스트레스를 겪는 상황에서 자신의 감정을 조절할 수 있는 프로그램이 활발하게 발달됩니다.

스트레스 상황에서 감정을 조절하는 훈련은 전 생애를 통해 이뤄지지만 기초신경망 형성은 출생 후부터 만 3세까지에 이뤄지므로 신생아 시기부터 〈아기훈육〉이 시작되어야 합니다.

아기의 타고난 감정조절능력 정도를 확인해보세요

_브래즐턴 신생아 검사법 01

아기를 키우다 보면 '이런 아기라면 10명도 키우겠다'라는 생각이 들게 하는 아기를 볼 수 있습니다. 이렇게 순한 기질을 타고난 아기는 스트레스 상황에서 잘 울지 않거나 울더라도 금방 혼자서 울음을 그칩니다. 반면에 1명 키우기도 힘들다는 까탈스러운 기질의 아기들은 조금만 배가 고파도, 기저귀가 젖어도 크게 울고 쉽게 울음을 그치지 않습니다.

미국의 소아정신과 의사이자 전 하버드대학 교수였던 브래즐턴Brazelton 박사는 갓 태어난 신생아들이 보이는 독특한 행동 특성을 평가할 수 있는 〈신생아 행동발달 검사Neonatal Behavioral Assessment Scale〉를 개발했습니다. 브래즐턴 박사는 오랜 임상경험과 연구를 통해서 아기마다 고유의 행동 특성을 가지고 태어나며, 이러한 특성이 부모의 양육 태도에도 영향을 미칠 수 있다는 사실을 밝혀냈습니다. 즉, 환경에 반응하는 아기의 타고난 행동 특성이 부모가 아기를 대하는 태도에 영향을 미칠 수 있다는 것입니다.

브래즐턴 박사의 연구 이후, 아기의 문제행동 원인을 모두 부모의 양육 태도에서 찾으려고 했던 기존의 육아 이론에서 벗어나 부모와 자녀의 관계가 아기의 타고난 행동 특성과 부모의 양육 태도 간 상호작용이라는 인식을 갖게 되었습니다.

스트레스 상황에서 스스로 감정을 조절할 수 있는 능력은 선천적으로 타고나게 됩니다. 그래서 갓 태어난 신생아가 어느 정도의 감정조절능력이 있는지를 알아보는 일은 부모에게 중요한 일입니다.

다음의 표에 소개하는 브래즐턴 박사의 검사법을 활용해서 아기의 감정조절능력 정도를 이해해보기 바랍니다. 아기가 배가 고프거나 기저귀가 젖어서 스트레스를 받아 울게 될 때 스스로 감정을 조절하고 울음을 멈출 수 있는 능력이 어느 정도인지를 알아보는 검사항목입니다.

[스스로 울음 진정시키기]

아기가 울다가 스스로 울음을 멈추고 더 이상 울지 않는다.	9점
아기가 울다가 두 번 정도는 15초간 스스로 울음을 멈출 수 있다.	8점
아기가 울다가 한 번 정도는 15초간 울음을 멈출 수 있고 여러 번에 걸쳐서 5초 정도는 스스로 울음을 멈출 수 있다.	7점
아기가 울다가 한 번 정도 스스로 15초 정도 울음을 멈출 수 있다.	6점
아기가 울다가 여러 번 5초 정도 스스로 울음을 멈출 수 있다.	5점
아기가 울다가 한 번은 5초 정도 스스로 울음을 멈출 수 있다.	4점
아기가 울면서 스스로 울음을 멈추려고 여러 번 (울먹거리며) 노력은 하지만 스스로 울음을 멈추지는 못한다.	3점
아기가 울다가 한 번은 스스로 1~5초 내로 울음을 멈추려고 (울먹거리며) 노력은 하지만 결국 다시 울게 된다.	2점
스스로 울음을 멈추려는 노력을 전혀 하지 못해서 계속 달래줘야 한다.	1점

스트레스를 받아서 크게 울다가도 손을 자기 입으로 가져가거나 주먹을 빨면서 스스로 울음을 멈춘다면 '스스로 울음 진정시키기Self-Quieting(스트레스 상황에서 스스로 울음을 달랠 수 있는 능력)'가 뛰어난 아기입니다.

| 스트레스 상황에서 스스로 주먹을 입에 가져가 안정을 찾는 아기 |

반대로 혼자서 울음을 멈추려는 노력을 전혀 하지 못해 결국 달래줘야 하는 아기는 스스로 울음을 진정시키는 능력이 낮은 수준이라고 보면 됩니다.

| 스스로 울음을 진정시키지 못해 달래줘야 하는 아기 |

아기의 감정조절에 필요한 자극의 정도를 확인해보세요
_ 브래즐턴 신생아 검사법 02

브래즐턴 박사가 제시한 또 다른 검사법은 '신생아가 감정을 조절할 수 있는 자극의 정도Consolability'입니다. 아기가 울 때 혹시 스스로 감정을 조절하는지를 15초 동안 살펴보다가 부모가 아기를 달래면서 어느 정도의 자극에 아기가 울음을 그치는지를 살펴보는 검사항목입니다.

[신생아가 감정을 조절할 수 있는 자극의 정도]

부모의 얼굴만 보여줘도 아기가 울음을 멈추는 경우	9점
부모가 얼굴을 보여주고 목소리를 들려주면 울음을 멈추는 경우	8점
부모의 손을 아기 배에 지긋이 놓았을 때 울음을 멈추는 경우	7점
부모가 아기의 양팔을 잡아 아기 배 위에 얹을 때 울음을 멈추는 경우	6점
부모가 아기를 안았을 때 울음을 멈추는 경우	5점
부모가 아기를 안고 흔들어줘야 울음을 멈추는 경우	4점
부모가 아기를 기저귀 천으로 감싸서 안고 흔들어줬을 때 울음을 멈추는 경우	3점
부모가 아기를 기저귀 천으로 감싸서 안고 흔들어주면서 공갈젖꼭지나 아기의 손가락을 빨게 했을 때 울음을 멈추는 경우	2점
부모가 아기를 기저귀 천으로 감싸서 안고 흔들고 공갈젖꼭지를 물려도 울음을 멈추지 못하는 경우	1점

부모의 얼굴을 보여주거나 "괜찮아!"라고 말로 달래줬을 때 울음을 멈추면 높은 점수를 받을 수 있습니다.

| 엄마가 아기에게 얼굴을 보여주면 울음을 멈추는 아기 |

하지만 공갈젖꼭지를 물려주고 흔들어줘도 울음을 멈추지 못하면 낮은 점수를 받게 됩니다.

| 공갈젖꼭지를 입에 물고도 우는 아기 |

신생아가 감정을 조절할 수 있는 자극의 정도를 파악해서 아기가 울 때 강한 자극을 주지 않도록 노력해야 합니다. 부모의 얼굴만 보여주거나 목소리만 들려줘도 화가 나는 감정을 조절할 수 있는 능력을 갖춘 아기는 선천적으로 순한 기질의 아기입니다.

선천적으로 훌륭한 감정조절능력을 타고난 순한 기질의 아기라고 해도 울 때 안아서 흔드는 강한 자극으로 달래면 스트레스 상황에서 점점 더 강한 자극을 요구하게 됩니다. 그래서 '아기를 손타게 하지 마라', 즉 우는 아기를 자꾸 안아주지 말라고 하는 우리 선조들의 조언이 있습니다. 아기를 많이 낳고 키우면서 살아온 우리 선조 어머니들이 갖고 있던 양육의 지혜가 과학적으로 입증된 것입니다.

아기를 손타지 않게 키우는 육아의 시작이 바로 〈아기훈육〉입니다.

〈아기훈육〉은 아기에게
스트레스를 주는 일이 아니에요

●
▲
■
◆

요즘 육아서적과 방송을 통해서 부모가 아기를 대할 때 작은 스트레스도 주지 않게 아기 중심적으로 키워야 한다는 내용을 자주 접합니다. 이는 아기의 뇌 발달에 대한 연구결과를 무시하는 내용일 수 있습니다.

아기에게 스트레스를 주지 않기 위해서 공감과 칭찬만 주어지는 과잉보호의 양육 태도는 아동방임과 학대를 받고 자란 아기들처럼 뇌의 감정조절 회로인 안와전두피질OFC의 신경망 형성을 저해합니다. 그래서 아기가 성장하면서 스트레스 상황에 부닥칠 때 감정조절을 잘하지 못하는 결과를 가져옵니다.

아기 뇌의 감정조절신경망 형성을 위해서는 신생아 시기부터 스트레스 상황에서 잠시 기다리면서 스스로 감정을 조절하는 기회가 주어져야 합니다. 스스로 울음을 달랠 수 있는 시간을 잠시 주고 엄마의 목소리나 딸랑이 등의 작은 자극으로 아기가 울음을 멈출 수 있게 도와줘야 합니다.

출생해서 만 2세까지의 아기는 부모와 시간 대부분을 보냅니다. 이 시기에는 어쩌면 부모의 헌신적 노력으로 아기의 스트레스를 바로바로 해결해줄 수 있을지 모릅니다. 어쩌면 항상 불안한 초보 부모에게는 아기가 울때 빨리 달려가서 달래주고 스트레스를 바로 해결해주는 일이 아기가 스스로 감정을 조절하도록 기다리게 하는 것보다 더 쉬운 일일 수 있습니다.

하지만 처음으로 부모의 품을 떠나 경험하게 되는 다른 환경인 어린이집에서는 아기의 스트레스 상황을 바로바로 해결해줄 수 없습니다. 그래서 출생부터 만 3세까지 아기에게 애정과 함께 스스로 감정을 조절하는 기회가 필요합니다. 이 기간에 충분한 〈아기훈육〉이 이뤄진다면 아기들이 경험할 첫 번째 사회생활인 어린이집에서의 생활 적응이 그리 어렵지 않을 것입니다.

아기가 감정을 조절하지 못해서 화를 크게 내는 행동에 대해 어떠한 규제도 하지 않고 "아, 힘들었구나. 우리 아기!"라고 하며 공감만 해주는 양육 태도는 이제 바뀌어야 합니다. 아기가 부모와의 관계에서 건강한 눈치를 갖게 하기 위해서는 부모가 허락하지 않는 행동도 있음을 알려줘야 합니다.

'이렇게 하면 이렇게 해주고, 이렇게 하지 않으면 이렇게 해줄 수 없어!' 와 같은 조건부 문장을 이해하기 어려운 만 4세 전에는 간단한 말과 행동으로 메시지를 전하는 〈아기훈육〉이 필요합니다. 뒤의 2부에는 아기의 성장 발달을 월령별로 이해하고 부모가 어떻게 〈아기훈육〉을 해야 하는지 친절하게 설명되어 있습니다.

애착장애라는 두려움에서 벗어나세요

필자는 30년 넘게 양육자들과 영유아들을 지켜봐왔습니다. 최근 10여 년 사이 육아에 대한 사회적인 관심이 높아지면서 초보 부모들에게서 애착장애에 대한 공포가 매우 크게 확산하고 있음을 느낍니다. 애착장애에 대한 공포는 아기에게 스트레스를 주지 않기 위한 과잉보호의 양육환경을 만들고 있고, 이는 만 3세 이후에 감정조절이 어려운 아기가 많아지는 결과를 낳고 있습니다.

최근 들어 저출산과 함께 부모들의 생활환경 변화와 교육 수준이 높아지면서 사회가 육아에 적극적인 관심을 두게 됐습니다. 자연스럽게 이전 세대와는 다르게 아기의 인권을 존중해주자는 표현이 늘어났습니다.

그런데 이것을 아기에게 절대로 스트레스를 줘서는 안 된다고 이해하는 경향이 있습니다. 육아에 대한 관심이 높아지자 다양한 육아 관련 방송과 서적에서 아기가 스트레스를 받으면 '애착장애'가 생길 수 있다고 생각하도록 유도하는 측면도 있어 보입니다. 이는 아기의 문제행동 원인을 100% 부모에게 돌리는 결과로 왜곡되고 있다고 생각됩니다. 이러한 애착장애에 따른 맹목적인 자기희생적 육아에 대한 두려움이 요즘 심각한 문제인 저출산의 원인 중 하나로 분석되기도 합니다.

아기의 성장과 발달에 지연을 가져오는 반응성 애착장애Reactive Attachment Disorders는 아기 엄마가 정신적인 문제가 매우 심각하거나 아주 심한 우울증에 시달렸을 때 발생합니다. 아기를 잘 먹이고 잘 입히고 잘 재우면서 아기를 잠깐 기다리게 하거나 동생을 때리는 아기의 행동에 대해서는 안 된다고 강하게 메시지를 전했다고 아기의 성장과 발달에 지연을 초래하는 반응성 애착장애가 발생하지는 않습니다.

잘 먹이고 잘 재우고 충분히 산책도 시켰는데 아기가 눈을 맞추지 않거나 엄마가 이름을 불러도 돌아보지 않는다고 엄마와의 애착에 문제가 생겼다고 단정해서도 안 됩니다. 아기가 엄마를 보고 잘 웃지 않거나 말이 늦게 트인다고 해서 무조건 엄마가 아기를 잘 못 키운 결과라고 진단을 내려서도 안 됩니다.

아기의 친밀감과 말 트임은 선천적인 특성이므로 만 2세 전후에는 마치 자폐스펙트럼장애아처럼 보여도 대부분 천천히 발달해서 만 5세 정도에는 언어 치료의 도움 없이도 말이 트이고 사회성에 큰 어려움을 보이지 않는 아기가 많습니다.

그런데도 '혹시 내가 아기와 잘 놀아주지 못해서 아기에게 애착장애가 생겼을까?' 하는 걱정 때문에 애착 검사를 받기 위해서 엄마들이 한동안 소아정신과병원과 아동발달센터로 몰려가기도 했었습니다. 작은 공간에서 이뤄지는 애착 검사를 통해서 아기가 엄마를 반기는 반응이 나오지 않았다고 마치 엄마가 아기와 신뢰관계를 형성하지 못했다는 결론을 내려서는 안 됩니다. 작은 공간에서 이뤄지는 애착 검사는 아기의 기질적인 특성과 아기가 생활해온 물리적인 환경에 크게 영향을 받기 때문입니다.

친밀감이 썩 좋진 않지만 흥미도가 높은 아기가 태어났을 때부터 그리 넓지 않은 작은 공간에서 생활했다면 엄마가 보이지 않아도 어딘가에서 소리가 들리면 집안에 엄마가 있다고 인식하고 엄마의 부재에 대해서 크게 불안해하지 않습니다. 이런 아기들이 작은 공간에서 애착 검사를 할 때 엄마를 반기는 반응이 덜 할 수 있습니다.

아기에 관심을 두고 애착에 대한 여러 정보를 찾아가며 공부하는 엄마라면 우울증이나 불안감이 좀 높을 수는 있지만 이런 엄마들이 아기를 밥도 먹이지 않고 눈도 전혀 맞춰주지 않으며 화를 버럭버럭 내거나 하루 종일 아기를 방치하는 학대 또는 방임형 엄마이기는 어렵습니다.

아기의 기질이 무뚝뚝해서 잘 웃지도 않고 호명반응(이름을 불렀을 때 아기의 반응)이 좋지 않아도 부모가 육아 정보를 찾기 위해 인터넷 검색하는 시간을 줄이고 좀 더 적극적으로 놀아주면서 기다려줄 때 아기의 상호작용 반응은 더 좋아집니다. 기본적인 아기의 의식주를 해결해주는 동시에 엄마가 집안일을 하면서 틈틈이 아기와 상호작용을 해주고, 저녁에는 아빠가 돌아와서 놀아줬다면 아기의 반응이 좀 느리더라도 반응성 애착장애가 생겼다며 불안해할 필요는 없습니다.

애착장애에 대한 다양한 정보가 우리 사회나 초보 부모가 아기의 양육에 대해 더 관심을 두게 하는 수단 중 하나로 필요할 수는 있습니다. 하지만 애착장애에 대한 두려움으로 아기를 키우는 일에 큰 부담을 갖고 아기에게 스트레스를 주지 않으면서 울리지 않으려고 애쓸 필요는 없습니다.

아기의 타고난 기질이 까탈스럽고 자주 아프면 자연스레 아기 돌보는 일이 힘들어지게 되고 엄마는 너무 힘들어서 짜증을 내게 됩니다. 그렇다고 해서 엄마 역할을 제대로 못 했다고 자괴감을 느낄 필요는 없습니다. 기질적으로 잘 잠들지 못하고 몸이 자주 아프고 발달도 늦되는 아기의 경우에는 잠시 아기를 돌봐주거나 육아와 가사家事를 돕는 인력의 도움을 통해 엄마의 피로를 줄여줄 필요가 있습니다. 몸과 마음이 피곤하지 않는다면 모든 엄마는 아기와 더 효율적으로 상호작용할 수 있기 때문입니다.

과잉보호는 부모의 자기 위안적 행동일 수 있어요

애착장애에 대한 두려움이 있는 상당수의 부모는 아기를 과잉보호하게 됩니다. 아기가 스스로 문제를 해결하면서 겪게 되는 스트레스 때문에 엄마를 신뢰하지 못하게 될까 봐 필요 이상으로 아기를 도와주려고 합니다.

아기가 조금도 부족함을 느끼지 않아야 안정적인 애착을 형성할 수 있다고 생각하고 항상 아기 옆에서 아기의 필요를 빨리빨리 충족해주려고 노력합니다. 아기가 어떤 경우에라도 스트레스를 받지 않게 해주는 부모가 되고 싶어서 아기 스스로 해야 할 경험의 기회를 빼앗기도 합니다. 이러한 과잉보호는 아기의 성장과 발달을 돕는 사랑의 표현이라기보다는 애착장애의 불안을 덜기 위한 부모의 자기 위안적 행동일 가능성이 큽니다.

아기가 스트레스받지 않게 해주려는 과잉보호는 세심한 보호와 지나친 배려를 동반합니다. 아기가 조금만 힘들어해도 끊임없이 힘든 아기의 마음을 공감해주려고 노력하기도 합니다. 아기가 요구하기 전에 미리 아기의 심리를 읽고 공감해줘야 안정적인 애착이 형성된다고 믿기 때문에 아기가 힘든 상황에 놓이기 전에 세심하게 돌봐주려고 애씁니다.

과잉보호 속에서 성장한 아기는 생후 7~9개월만 되어도 엄마의 관심을 계속 받기 위해서 거짓 울음이 생길 수 있습니다. 생후 7~9개월에 시작되는 거짓 울음은 커가면서 뒤로 자빠지거나 데굴데굴 구르거나 일부러 토하거나 머리를 박는 행동으로 발전할 수 있습니다. 초보 부모는 데굴데굴 구르는 아기가 무섭고 안쓰러워서 아기의 요구를 다 들어주게 되고 아기는 커가면서 스트레스 상황이 닥치면 스스로 화가 나는 감정을 달래지 못하고 더 심하게 자신의 스트레스를 표현하게 됩니다. 말이 트이면서는 부모를 공격하는 말들을 거리낌 없이 내뱉기도 합니다.

아기를 잘 키워보고 싶은 마음은 큰데 양육법을 잘 모르는 초보 부모 대부분은 과잉보호의 양육 태도를 취합니다. 그런데 과잉보호의 양육 태도는 아동학대의 양육 태도와 마찬가지로 아기가 커가면서 스트레스 상황에서 감정조절을 하기 어려운 결과를 가져오므로 매우 주의해야 합니다.

〈아기훈육〉은 체벌이 아니에요

미국에서 많이 활용하는 〈아기훈육〉의 대표적인 방법은 타임아웃Timeout입니다. 한동안 우리나라의 육아방송에서도 생각하는 의자에 앉히는 타임아웃이라는 훈육법이 유행하기도 했습니다. 타임아웃은 아기가 규칙을 어겼을 때 의자에 앉혀서 몇 분 동안 움직이지 말고 혼자 생각하게 하는 방법입니다.

| 생각하는 의자에 앉히는 타임아웃 훈육법 |

생각하는 의자에 앉히는 타임아웃은 집이 넓고 핵가족으로 생활하는 미국 등 서양권에서 부모가 아기를 야단치거나 실랑이를 벌이지 않고 간편하게 행동 수정을 가져오게 하는 훈육법으로는 효과가 있었던 것 같습니다. 아기에게 부모와 떨어져 잠시 몸을 움직이지 않고 의자에 앉아 있으면서 스스로 감정을 조절하는 기회를 주는 효과가 있지만 생각하는 의자의 타임아웃 훈육법은 문제행동에 대한 벌칙의 목적도 들어 있습니다.

이 책에서 이야기하는 〈아기훈육〉은 아기가 문제행동을 했을 때 체벌하려는 목적이 아닙니다. 아기의 긍정적인 행동에는 웃어주고 다가가주지만 바람직하지 않은 행동에 대해서는 거리를 두어 아기의 감정조절능력을 높이는 양육 태도입니다.

이러한 부모의 반응이 반복되면 아기의 뇌에서는 자연스럽게 부모가 긍정적으로 생각하는 행동은 강화하고, 부모가 관심을 두지 않고 거리를 두는 행동은 줄이도록 신경망이 형성됩니다.

물론 한 번의 〈아기훈육〉으로 아기의 행동이 수정되기를 기대하면 안 됩니다. 〈아기훈육〉이 매일 반복될 때 아기의 뇌는 스트레스 상황에서 스스로 감정을 조절할 수 있는 뇌 신경 프로그램을 강화시키게 됩니다. 〈아기훈육〉의 핵심은 아기가 이를 체벌로 생각하지 않고 자기 행동에 대한 부모의 반응으로 인식해 부모의 반응을 신경 쓰는 건강한 긴장감을 갖게 하는 양육법입니다.

초보 부모는 아기에 대한 이해도 부족하고 양육법도 미숙하기 때문에 항상 긴장 상태에서 아기를 돌보고 집안일을 하게 됩니다. 아기를 키우다 보면 아기가 장난감을 던진다거나 이유식을 거부하면서 이유식 그릇을 떨어트린다거나 혹은 아기가 엄마를 세게 때리는 경우가 생기기도 합니다. 이럴 때는 육아와 가사에 지친 엄마도 욱하면서 화가 올라올 수 있습니다.

만일 이런 상황에서 아기를 야단치거나 때리는 방법을 단호한 〈아기훈육〉이라고 생각하고 크게 야단을 친다면 아기는 더 크게 울게 되고 엄마의 스트레스는 더 심해질 것입니다. 그리고 엄마는 아기에게 목소리를 높이거나 아기를 때린 후에 부모로서의 책임을 다하지 못했다는 자괴감에 시달리기도 합니다.

엄마의 자괴감이 계속되면 육아우울증으로 발전하고, 이런 엄마는 아기를 과잉보호하다가도 욱하고 감정이 폭발하는 상태를 반복하게 됩니다.

결국 감정 기복이 심한 양육 태도를 보이는 부모 밑에서 성장하는 아기는 언제 부모가 친절하고, 언제 갑자기 화를 낼지에 대해 예측이 불가능해져 부모의 반응에 예민하게 반응하지 않고 오히려 자기 기분에 맞춰서 행동하거나 위축되고 불안해할 수 있습니다. 이렇게 되면 부모를 의식하고 배려할 수 있는 건강한 눈치가 아기의 뇌에 만들어질 수가 없습니다.

아기가 혼자서 감정을 조절할 수 있도록 하는 시간은 부모에게는 숨을 고르는 시간을 얻는 기회가 됩니다. 과잉보호를 피하고 부모가 욱하지 않게 도와주면서 아기가 스스로 감정을 조절하고 부모를 의식하는 건강한 눈치를 만들어주는 〈아기훈육〉의 중요성에 대해 이 책에서 계속 이야기하고 있습니다.

자기 마음대로 부모가 움직여주지 않는다고 아기가 숨이 넘어가게 운다면 아기에게 다가가서 안아주면서 말을 길게 하기보다는 침묵하고 아기와 멀어지는 방법을 실행해보세요.

〈아기훈육〉은 안정적이고 일관적인 양육 태도를 유지하는 것은 물론이고 부모가 아기와 안정적인 애착관계를 형성하는 데 크게 도움이 될 것입니다.

〈아기훈육〉과 아동학대 및 방임은 이렇게 구분하세요

●
▲
■
◆

아기가 하고 싶은 일을 못 하게 하면 스트레스를 받아서 기가 죽고 사회성도 좋아지지 않는다고 이야기하는 사람들이 있습니다.

아기의 기를 죽이고 자존감을 낮게 만들어서 사회성 발달을 해치는 훈육은 〈아기훈육〉이 아니라 아동학대입니다. 예를 들어, 잠을 안 자고 운다며 지속적으로 목소리를 높여서 욕하고 아기를 때리거나 아기에게 소리 지르는 것입니다. 또한, 아기가 말을 듣지 않는다고 계속 먹을 것을 주지 않거나 놀이환경을 제공해주지 않거나 추운데도 따뜻하게 옷을 입혀주지 않거나 세상을 공부할 기회를 주지 않는 건 아동방임입니다.

〈아기훈육〉은 아기가 감정을 조절하지 못했을 때 다가가서 야단치는 방법이 아니라 침묵하고 아기에게서 멀어지는 방법입니다. 〈아기훈육〉도 일시적으로 아기의 마음에 상처를 줄 수는 있습니다. 하지만 아기가 스스로 감정을 조절했을 때 다가가서 칭찬해주고 상호작용을 해주면 아기는 속상한 마음을 잊어버립니다.

아기가 위험한 행동을 하는 경우 부모가 안 된다는 메시지를 전달하기 위해서 아기의 어깨와 팔을 잡을 수 있습니다. 이때 아기의 신체를 구속하는 행동은 부모의 말에 집중하게 하거나 아기가 하는 위험한 행동을 막기 위한 목적이지 체벌의 목적은 아닙니다. 〈아기훈육〉을 위해 아기가 몸을 움직이지 못하게 잡을 때는 아기가 겁을 내거나 위협감을 느낄 정도로 압박이 가해지지 않게 조심해야 합니다. 몸을 움직이지 못할 정도의 압박만 주어진다면 아기에게 정서적인 상처는 발생하지 않습니다.

아기가 벽에 머리를 쿵쿵 부딪치는 등의 자해를 하거나 다른 사람에게 공격적인 행동을 할 수 있습니다. 그런 경우에는 아기도 자신의 행동이 바람직하지 못한 행동임을 본능적으로 느낍니다. 아기가 안 되는 행동인 줄 알고도 자기도 모르게 공격적으로 행동할 때 아기에게 다가가서 거칠게 화를 내기보다는 거리 두기나 침묵 등의 반응을 보이면 부모가 자신의 행동을 좋아하지 않는다는 메시지를 전달받습니다.

부모의 말을 듣지 않는다고 아기를 학대 또는 방임한다면 아기는 부모를 두려워하는 '기가 죽는 눈치'가 발달합니다. 아기는 위축되면서 부모가 언제 자신을 잘 대해주고, 언제 화를 낼지 예측이 어려워 부모가 잘해주고 칭찬해줘도 화를 낼지 모른다는 불안감에 긴장하면서 지내게 됩니다.

다음 페이지의 표를 보면서 〈아기훈육〉 과정에서 혹시 아기를 대하는 행동이 부모를 신뢰할 수 없게 만드는 아동학대나 방임에 해당하는지 참고해보시기 바랍니다.

이 표에서 설명한 아동학대의 행위로 아기를 지속적으로 대한다면 아기는 부모를 신뢰하지 못하게 됩니다. 이미 부모가 아기의 신뢰를 얻지 못한 경우에는 이 책에서 말하고 있는 〈아기훈육〉을 적용할 수 없습니다. 전문적인 상담과 프로그램을 통해서 우선 아기가 부모를 신뢰할 수 있게 한 후에 〈아기훈육〉을 시작할 수 있습니다.

일시적으로 욱하는 감정으로 행하는 신체적인 학대와 정서적인 학대의

[아동학대의 예]

신체학대 행위	정서학대 행위
① 아기의 손 또는 발 등을 때리거나 꼬집기, 물어뜯거나 조르기, 비틀고 할퀴는 행위	① '미워', '바보야', '죽어버려', '버릴 거야', '나가버려' 등 아기에게 원망하고 저주하는 말을 하는 행위
② 물건을 가지고 아기를 때리거나 뾰족한 물건으로 찌르는 행위	② 아기를 재우지 않는 행위
③ 아기의 몸을 잡고 강하게 흔들거나 묶거나 벽에 밀어붙이기, 떠밀거나 던지거나 거꾸로 매다는 행위	③ 아기를 벌거벗겨 내쫓는 행위
	④ 노골적으로 형제나 친구 등과 비교하고 차별하는 행위
④ 화학물질이나 약물 등으로 아기의 몸에 상해를 입히는 행위, 일부러 아기의 몸에 화상을 입히는 행위	⑤ 가족 내에서 왕따를 시키는 행위
	⑥ 아기가 가정폭력을 목격하도록 하는 행위

행위는 대부분 부모가 매우 우울하고 행복하지 않을 때 나옵니다. 만약 부모가 앞에서 말한 신체적 학대와 정서적 학대의 말과 행동을 하고 있다면, 현재 부모 스스로 매우 행복하지 않은 상태임을 인지하고 육아와 가사를 위해 주변의 도움을 구해야 합니다.

이미 부모가 이러한 행동을 하고 있다면 본인 자신의 노력만으로는 행동 수정이 어렵습니다. 부모교육, 심리상담 등 다양한 프로그램의 도움을 받아야 합니다. 혹시 어린 시절에 부모로부터 신체적인 학대와 정서적인 학대를 당한 경험이 있는지 돌이켜보고 전문가의 도움을 적극적으로 구하는 과정이 꼭 필요합니다.

세 살 아기를 때리지 않기 위한
초보 아빠의 노력

직장에 다니는 엄마, 아빠가 휴가를 내고 아침 일찍 세 살 정도의 아기와 함께 연구소에 찾아왔습니다. 세 살 된 아기가 항상 뛰어다니고 산만하며 놀이방에 가서는 친구들을 때리기까지 한다는 것이었습니다.

아기는 검사실로 들어오자마자 매트 위를 뛰어다니기 시작했습니다. 검사자가 알록달록한 색깔의 장난감을 꺼내서 부르자 아기는 달려와서 막대기 6개를 15초 만에 다 꽂았습니다. 아홉 조각의 퍼즐 판도 빠른 속도로 채워 나갔습니다.

아기의 이해력과 표현력에 아무 문제가 없었고 20분이 넘게 지속되는 검사에도 아기는 한 번도 지루해하거나 짜증을 내지 않았습니다. 운동발달 검사를 위해서 계단에서 뛰어내리기, 멀리뛰기, 높이뛰기를 시켜 봤습니다. 아기는 어려움 없이 모든 운동과제를 해냈고 뛰는 자세도 매우 안정돼 있었습니다.

적극적으로 발달 검사에 협조하는 아기를 보고 엄마는 기뻐하기보다는 이해가 되지 않는다는 표정을 지었습니다. 아기의 엄마는 "놀이방에서 아기들을 때리고, 주의가 산만하고, 놀이방 선생님이 이름을 불러도 돌아보지 않아요"라고 말했습니다.

부모가 아기의 문제행동을 호소했는데도 발달 검사 시 아기가 행동에 문제를 보이지 않는 경우에는 문제 원인이 아기의 양육환경에 있는 경우가 많습니다.

  엄마가 말문을 열었습니다. 아기의 아빠가 집에 들어오면 아직 세 살도 채 안 된 아기에게 심하면 1시간 동안이나 어질러놓은 장난감을 모두 제자리에 갖다놓게 시킨다는 것이었습니다. 심지어는 구둣주걱을 들고 아기를 때리고 자주 아기를 화장실 옆 작은 공간으로 데려가 길게는 40분씩 잘못을 훈계하면서 아기에게 잘못했다는 반성을 받아낸다는 것이었습니다.

  집안이 아기의 장난감으로 어질러져 있으면 심리적으로 안정이 안 되는 부모들이 있습니다. 이 아기의 아빠도 그런 경우였던 것 같았습니다. 그런데 문제는 장난감을 치우는 방식이었습니다. 아빠가 솔선수범을 보이며 아기와 같이 치우는 것이 아니라 아기를 구둣주걱으로 위협하면서 '여기 이건 바구니에 담고, 저기 저것은 책장에 꽂고' 하는 식으로 군대 상관이 부하를 다루듯 강압적으로 한 것입니다.

  "왜 그렇게 장시간 아기를 훈계하셨어요?"하고 물었습니다. 그러자 아기의 아빠는 대답했습니다.

  "때리지 않으려니 말이 길어진 거예요. 오래 훈계하고 설명하는 것도 쉬운 일이 아니에요."

  아빠는 아기를 때리면 안 된다는 사실은 인지하고 있었던 것 같습니다. 그러나 세 살 된 아기에게 어떻게 정리 정돈하는 법을 알려줘야 하는지 모르다 보니 강압적인 방법으로 아기를 다루게 됐던 것이었습니다.

아빠의 입장에서는 아기에게 상처를 덜 주기 위해 노력했던 것입니다.

연구소를 아내와 같이 방문했다는 것은 아빠에게도 부모의 역할을 배우고자 하는 마음이 있었다고 봐야 합니다. 이런 경우에는 아빠를 야단치기보다 아기를 때리지 않으려고 한 노력에 대해 칭찬해주고 세 살 아이에게 맞는 〈아기훈육〉의 방법을 알려줘야 합니다.

아기의 아빠는 어려서 부모로부터 정서적 학대, 신체적 학대를 경험했을 가능성이 매우 큽니다. 그런 아빠의 마음에 있는 상처를 치유하기 위한 심리치료 비용 마련을 위해 적금통장을 만들라고 권했습니다.

아기훈육법을 몰라서 실수한 초보 부모를 어떤 경우에도 야단치거나 비난하면 안 됩니다. 잘 몰라서 발생한 일이므로 아기의 발달심리적 특성과 구체적인 아기훈육법을 알려주면 됩니다.

아기가 울 때
달려가서 반사적으로 품에 안아 달래는 행동은
사실 아기를 위한 것이라기보다는
울음의 의미를 쉽게 파악하기 어려운
초보 부모의 불안이 원인인 경우가 많습니다.

아기의 성장과 발달에 대해
정확하게 알게 되면
불안이 줄어들면서
좀 더 여유롭게
〈아기훈육〉을 적용할 수 있습니다.

부모가 자신을 먹여주고 입혀주고 보호해준다는 충분한 신뢰가 아기에게 있을 때 〈아기훈육〉을 시도해야 합니다. 그렇지 않으면 부모는 일관되게 〈아기훈육〉을 실행하기가 어렵고 아기의 감정조절능력도 강화되기 어렵습니다.
이번 장에서는 성공적인 〈아기훈육〉을 위해서 아기에게 신뢰를 주는 부모가 되기 위한 가이드를 제시합니다.

2장

성공적인
〈아기훈육〉을 위한
사전 준비

아기와 놀이를 통해
부모를 신뢰할 수 있게 해주세요

아기가 신뢰하는 보호자가 되기 위해서 부모가 하루 종일 아기와 시간을 보낼 필요는 없습니다. 적은 시간이라도 함께하는 동안 아기가 양육자와 충분히 상호작용을 경험하도록 하는 것이 필요합니다.

　직장을 다니는 부모의 경우 매일 퇴근 후 15~30분 정도를 아기와의 상호작용에 집중하라고 권합니다. 아기가 긍정적인 행동을 하면 강한 스킨십으로 칭찬해줘야 합니다. 아기가 12개월 전후라면 관심을 갖고 노는 장난감

> "
> 이건 자동차네.
> "

이나 물건에 대해서 "이건 자동차네"라는 식의 짧은 말로 반응을 해주면 좋습니다.

생후 24개월 이후라면 아기가 좋아하는 그림책의 그림을 같이 보면서 짧은 문장의 글들을 읽어줘도 좋습니다.

"
원숭이가
바나나를 먹고 있어요.
"

부모가 몸이 아주 아파서 아기와 상호작용하며 놀지 못한다면 실내놀이터처럼 다양한 놀이기구가 있는 곳에 가서 아기의 노는 모습을 지켜보고 있어도 됩니다. 부모에게 달려갔을 때 부모가 자신을 보고 있었다는 사실을 알게만 해도 아기가 부모를 신뢰하게 만드는 데 큰 도움이 됩니다.

너무나 바쁜 회사일로 아기와 보내는 시간이 매우 제한적인 부모에게 권하는 첫 번째 놀이는 물놀이입니다.

물은 빠른 시간 안에 아기가 부모를 신뢰하게 만들어주는 좋은 놀이수단입니다. 이때 부모도 옷을 벗고 아기와 온몸으로 스킨십을 하면서 목욕이나 물놀이를 해주면 더 효과적입니다.

▶ 아기와 물놀이를 하면 빨리 애착이 형성됩니다.

아기를 씻길 때 손길은 부드러워야 합니다. 아기를 깨끗이 씻긴다는 목적보다는 물을 수단으로 즐겁게 상호작용한다고 생각해야 합니다. 씻길 때 아기가 고통스럽다면 아기는 양육자를 신뢰하지 않게 됩니다.

집에서 목욕시키는 일이 어렵다면 가끔 찜질방 방문을 권합니다. 새로운 장소에서 따뜻함도 느끼고 맛난 음식을 먹으며 벌거벗은 모습으로 따뜻한 물을 경험하는 시간은 아기에게 최고의 즐거움을 줄 수 있습니다.

아기가 욕탕에 들어가지 않으려고 할 때는 절대로 강요하면 안 됩니다. 아빠의 등에 비누칠을 해달라고 하거나 머리에 샴푸를 발라달라고 하면서 아기의 도움을 받아주는 일은 아기의 자존감을 높여줍니다.

수영장에서 부모가 자신을 보호해준다는 믿음을 쌓는 경험도 아기와 신뢰감을 쌓는 데 매우 효과적입니다. 수영을 못하는 아기에게 있어 물은 매우 겁이 나게 만드는 대상입니다. 아기와 물에 들어간 부모는 철저하게 아기를 보호하는 태도를 보여야 합니다.

아기에게 장난으로 겁을 주거나 놀리는 행동은 절대 금물입니다. 수영을 가르친다고 아기가 물을 먹게 한 후에 우는 아기를 달래주는 일관적이지 않은 행동은 부모를 신뢰할 수 없게 만듭니다. 아기가 너무 무서워해서 물에 들어가지 않더라도 무서워하는 아기와 강한 스킨십을 통해 신뢰감을 줘야 합니다.

바쁜 부모를 위해 추천하는 두 번째 놀이는 아기와 춤추기입니다. 아기를 안고 몸을 흔들어 춤을 출 수 있는 체력을 가진 부모라면 아기와 춤추는 놀이를 권합니다.

아기가 좋아하는 노래를 틀어놓고 무서워하지 않을 정도의 가벼운 흔들림을 줘야 합니다. 가벼운 흔들림은 아기 귀의 전정기관을 자극해서 마음에 안정감을 줄 수 있으므로 애착관계 형성에 매우 좋은 놀이입니다. 만일 부모와 아기가 속옷만 입고 가능한 한 맨살로 스킨십을 한다면 그 효과는 극

▶ 아기와 함께 춤을 추세요.

대화할 것입니다.

　꼭 춤을 추지 않더라도 미끄럼틀이나 그네 등에서 아기를 안전하게 안고 아기가 무서워하지 않는 정도의 흔들림이 주어지는 놀이를 해줘도 좋습니다. 흔들리는 자극은 아기의 뇌에 안정감을 주므로 자신을 안고 보호해주는 부모에게 아기는 강한 신뢰감을 느낄 수 있습니다.

▶ 아기를 안고 몸 놀이를 해주세요.

　부모가 너무너무 지쳐서 도저히 아기와 상호작용을 하면서 놀아줄 수가 없거나 너무 추운 날씨라서 놀이터에도 나갈 수 없다면 아기의 나이 수준에 맞는 영상을 보면서 "와, 붕붕 호박벌이 날아가네" 하는 식의 상호작용을 시도하면 됩니다.

　아기가 어린이집을 다니면서 사람들과 상호작용을 하고 있다면 가정에서 15분 정도 부모가 같이 영상을 봐준다고 아기의 발달이 지연되지는 않습

▶ 아기 동영상을 같이 봐주세요.

니다.

　많은 부모가 영상 시청이 자폐스펙트럼장애를 유발시킨다고 생각하고 있습니다. 일상생활 중에 전혀 상호작용 경험이 없이 아기 혼자서 영상만 보게 한다면 후천적 원인으로 인해 사람에 관심을 보이지 않고 영상만 보려는 증상이 강화될 수 있습니다.

　하지만 선천적으로 자폐스펙트럼장애 증상을 보이지 않고 어린이집에도 잘 다니는 아기라면 집에서 부모가 놀아주다가 가끔 같이 영상을 본다고 절대로 자폐스펙트럼장애가 발생되지는 않습니다. 아기가 만일 영상에 중독되는 것 같다면 전원을 분리해서 아기가 혼자서 영상을 볼 수 없게 해줘야 합니다.

아기에게 충분한 관심과
칭찬을 해주세요

아기가 눈을 맞추거나 웃거나 밥을 잘 먹거나 혼자서 잘 걷거나 부모가 한 말을 이해하거나 양육자를 배려하는 등의 행동을 할 때는 충분한 칭찬을 통해서 아기의 행동을 강화해줘야 합니다.

> "
> 아이고, 잘 걷네!
> "

"아이, 잘했어"라고 말해주거나 손뼉 치거나 미소를 지어보이거나 강한 스킨십을 통해서 아기에게 칭찬이 전달되면 됩니다. 칭찬은 아기의 긍정적인 행동을 강화하는 데 효과가 큽니다.

"
정말 고마워!
"

아기가 행동하자마자 0.5초 만에 바로 칭찬을 해줘야 아기의 긍정적인 행동이 강화될 수 있습니다.

"
이거 먹어봐.
"

"
최고!
정말 잘했어!
"

옆에 있는 사람의 기분을 살피고
옆에 있는 사람과 잘 지내려고 노력하는 눈치는
사회성 발달의 기초가 되는
'건강한 눈치'입니다.

평상시에 아기의 긍정적인 행동에 대해
충분히 칭찬해주세요.
그래야 〈아기훈육〉을 할 때
부모가 침묵하며 거리를 두어도
부모의 감정을 이해하려고 노력하는
'건강한 눈치'가 발달하게 됩니다.

쉽게 화를 내고 크게 울거나 물건을 던지는 아기도 있고 얼굴에 표정이 잘 나타나지 않은 채 하루 종일 조용히 노는 아기도 있습니다. 이렇게 선천적으로 타고나는 특성을 아기의 기질이라고 설명합니다.

아기의 기질은 특히 스트레스 상황에서 어떤 반응을 보이는지로 분석하기도 합니다. 이번 장을 통해서 아기의 기질적 특성과 스트레스 상황에서 아기가 보이는 반응을 이해할 수 있습니다. 성공적인 〈아기훈육〉을 위해서는 아기의 특성을 잘 이해하는 것이 중요합니다.

3장

아기의 기질과
공격성의 이해

아기의 기질을
꼭 확인하세요

●
▲
■
◆

어떤 아기는 젖만 먹여주면 새근새근 잘 자고 배가 고파서 깨어나더라도 크게 울지 않습니다. 어떤 아기는 자면서도 얼굴을 찡그리며 짜증을 내고 배가 고프거나 기저귀가 젖으면 세상이 떠나가게 울어댑니다.

아기는 세상에 태어나면 엄마 뱃속과는 다른 환경을 만납니다. 새로운 환경에 적응해 나갈 때 매우 예민하게 반응해서 많이 우는 아기가 있고 크게 반응하지 않고 잘 웃는 아기도 있습니다.

이렇게 아기가 얼마나 쉽게 스트레스를 겪는지, 그리고 스트레스를 겪을 때 어떤 반응을 보이는지를 아기의 기질적인 특성으로 설명하기도 합니다.

아기의 기질은 선천적으로 타고납니다. 그런데도 아직 우리 사회는 아기가 스트레스 상황에서 크게 울고 버둥거리거나 물건을 던지면 그 원인을 아기의 선천적인 기질에서 찾지 않고 부모의 양육 태도에서 먼저 찾으려고 합니다. 이렇다 보니 아기가 크게 울고 화를 내면 초보 부모는 아기를 키우면서 자신이 무언가를 잘못했는지 생각하고 심한 자괴감에 빠지기도 합니다.

부모의 양육 태도보다는 아기의 기질을 먼저 파악해야 합니다. 아기가 타고나는 기질의 원인 일부를 가족력으로 보기도 합니다. 하지만 아직 기질의 원인은 과학적으로 100% 밝히지 못하고 있습니다. 부모가 순한 기질이

어도 까탈스러운 기질의 아기가 태어날 수 있고 부모가 까탈스러운 기질이어도 순한 기질의 아기가 태어날 수 있습니다.

지금부터 설명하는 내용을 살펴보면서 〈아기훈육〉 시 아기의 기질적인 특성을 어떻게 고려해야 할지 확인해주세요.

순한 기질의 아기 Easy Baby

아기가 쉽게 스트레스받지 않고, 설령 스트레스를 받아도 크게 표현하지 않는 기질을 타고났다면 순한 기질을 가진 아기 Easy Baby라고 말합니다.

순한 기질의 아기는 배가 고프거나 기저귀가 젖어도 잘 울지 않습니다. 설령 울더라도 칭얼거리는 정도로 표현하기도 합니다.

아기는 성장하면서 운동성이 좋아지면 스트레스 상황에서 등에 힘을 주거나 데굴데굴 구르는 경우가 있는데 순한 기질의 아기는 이런 행동을 하지 않거나 안 된다는 부모의 메시지가 전달되면 하던 행동을 멈춥니다.

이렇게 순한 기질의 아기는 이미 스트레스를 쉽게 받지 않고, 설령 스트레스를 받아도 선천적으로 잘 참기 때문에 〈아기훈육〉이 크게 필요하지 않습니다. 오히려 잘 울지 않기 때문에 울기 전에 혹시 배가 고픈 건 아닌지, 기저귀가 젖은 건 아닌지, 심심한데 놀아주기를 기다리며 혼자서 놀고 있는 건 아닌지 미리 살펴봐줘야 하는 기질의 아기입니다. 아기를 많이 키워보신 분들이 "이런 아기라면 10명도 키우겠다"라고 말하는 아기들이 순한 기질의 아기입니다.

순한 기질의 아기를 키우는 부모가 조심해야 할 행동이 있습니다. 공공장소에서 심하게 떼를 쓰는 아기를 볼 때 아기가 떼 부리는 원인을 마치 아기의 부모가 잘 돌보지 않아서라고 생각하거나 애착에 문제가 있겠다고 생각하지 않아야 합니다. 오히려 "저 아기 부모는 너무 힘들겠다"라고 이해하고 함께 〈아기훈육〉에 동참해주는 사회적인 분위기를 만들어가야 합니다.

까탈스러운 기질의 아기Difficult Baby

조금만 배가 고파도 악을 쓰면서 우는 아기들이 있습니다. 한 번 울기 시작하면 젖을 먹으면서도 순간순간 울기도 합니다. 만 5개월이 지나면서는 소리를 지르기도 합니다. 기어다니기 시작하면 등에 힘을 주고 버티다가 바닥에 머리를 박기도 합니다. 쉽게 스트레스를 받고, 그 스트레스에 크게 반응하는 아기들을 까탈스러운 기질을 가진 아기Difficult Baby라고 합니다.

〈아기훈육〉은 까탈스러운 기질을 타고난 아기에게 꼭 필요합니다. 화가 나더라도 좀 참아보고 기다리는 기회를 줘야 아기 뇌의 감정조절프로그램이 강화되기 때문입니다. 초보 부모는 까탈스러운 기질을 타고난 아기가 스트레스받는 게 안쓰럽다면서 욕구를 빨리빨리 충족시켜주는 실수를 자주 합니다. 이런 경우 만 3세까지 만들어져야 할 감정조절프로그램이 만들어지지 못해서 만 3세 이후에는 더 크게 화를 내는 아기로 성장하게 됩니다.

심하게 까탈스럽지는 않고 인지능력이 정상범위에 속하는 아기라면 집에서는 화를 자주 내지만 어린이집에서의 생활에 적응한 후에는 또래 친구들과의 상호작용에 어려움을 크게 보이지 않습니다.

하지만 매우 까탈스러운 기질의 아기는 어린이집 적응 시 또래 친구들과의 관계에서 불편함이 생기면 크게 화를 내거나 아예 친구들과 상호작용을 하려고 하지 않고 자신의 요구를 들어주는 어린이집 선생님만 쫓아다니기도 합니다. 어린이집 선생님도 〈아기훈육〉을 하기 어려우므로 아기의 떼를 다 받아주면 아기는 어린이집 선생님의 '껌딱지'가 되기도 합니다.

청소년기가 되어서는 화를 조절해야 함을 알면서도 자꾸만 화가 나는 자신을 절제하기 힘들어서 자존감이 낮아질 수도 있습니다. 이런 친구들은 초등학교에 가면 "화를 안 내고 싶은데 자꾸 화가 나요"라고 이야기하기도 합니다.

사람은 누구나 다른 사람과의 관계를 잘 맺고 싶어 합니다. 사람과의 관계를 잘 맺기 위해서는 불편한 상황을 참을 수도 있어야 하고 상대방을 이해하고 배려하는 보람도 느낄 수 있어야 합니다. 이런 과정을 통해서 자존감은 자연스럽게 높아집니다.

까탈스러운 기질로 태어났더라도 부모와의 관계에서 〈아기훈육〉을 충분히 경험하게 해준다면 스트레스를 받아도 과하게 표현하지 않는 감정조절능력을 통해 좋은 사람으로 성장해 나갈 수 있습니다.

아기가 공격성을 표현하는
방법을 파악하세요

●
▲
■
◆

"아기는 스트레스 상황에서 어떤 행동으로 표현할까요?"

아기는 스트레스 상황에서 속상하다는 표현을 울음이나 몸의 움직임으로 표현합니다. 아기가 자기 머리를 바닥에 박거나 옆에 있는 부모를 때리거나 물건을 던지는 등의 행동을 하면 '적극적인 공격성'을 보인다고 말할 수 있습니다.

아기들이 스스로 자해하거나 상대방에게 공격적인 모습을 보이는 행동은 미리 의도했다고 보지 않습니다. 이러한 행동은 자신의 욕구가 충족되지 않는 불편한 상황에서 생리적인 반사작용처럼 나타납니다.

아기의 공격적인 행동 특성은 선천적인 아기의 기질에 따라서 결정됩니다. 아기의 공격성은 운동성이 좋아질수록 강화되어서 혼자 잘 걸어 다니기 시작하거나 뛰기 시작하는 생후 24개월 전후로 제일 심해집니다.

아기의 공격성 형태는 적극적인 공격성과 수동적·회피적인 공격성으로 나눌 수 있습니다.

적극적인 공격성

아기는 목 가누기가 이뤄지기 전인 생후 4개월 이전에는 단순 울음과 온몸의 움직임으로 속상함을 표현합니다. 목과 허리를 가누고 다리를 움직일 수 있게 되면 고개를 뒤로 젖히거나 등에 힘을 주면서 상체를 뒤로 젖히기도 하고 데굴데굴 구르기도 합니다. 바닥에 잘 앉아 있으면 스트레스 상황에서 바닥에 머리를 박기도 합니다. 생후 7~9개월 이후에 팔을 잘 쓸 수 있으면 물건을 던지기도 하고 속상하다며 부모를 때리기도 합니다.

이런 행동들은 스트레스 상황에서 자신이나 상대방을 공격하는 모습이므로 스트레스를 '적극적인 공격성'으로 표현한다고 말할 수 있습니다. 말이 트이면 "동생, 싫어!", "엄마, 미워!", "아빠, 때려줄 거야!", "자동차 던질 거야!" 등으로 자신의 속상함을 표현하기도 합니다.

"
아빠, 때려줄 거야!
"

자신의 속상함을 부모가 받아들여주기를 바라는 마음이 강해지다 보면 일부러 토하기도 하고 옷을 입은 채로 오줌을 싸기도 합니다. 심하면 눈이 돌아가면서 실신하기도 합니다.

" 토해버릴 거야! "

'적극적인 공격성'으로 표현되는 아기의 스트레스 반응단계를 다음 표로 확인해보세요.

[아기의 떼쓰기단계]

5단계	5~10초 정도 숨을 멈춘다. 눈이 돌아간다. 실신한다.
4단계	토하거나 혀를 눌러서 일부러 토하게 만든다. 옷을 입은 채로 오줌을 싼다.
3단계	머리를 흔들거나 쥐어뜯고, 심하면 바닥에 박는다.
2단계	몸을 뒤로 젖히고 바닥에 눕거나 구른다.
1단계	심하게 울거나 혹은 심하게 짜증을 낸다.

아기가 떼를 쓰면 다가가서 안아주거나 야단치는 태도보다는 아기의 떼에 침묵하는 '무반응'과 아기에게서 멀어지는 '거리 두기'의 〈아기훈육〉이

행동 수정과 감정조절능력 향상에 크게 도움이 됩니다.

초보 부모는 아기가 토를 하거나 오줌을 싸면 놀라서 급하게 달려가 "괜찮아?"라고 말하며 안아줍니다. 건강상의 문제로 토를 하거나 오줌을 싸면 다가가서 공감해주고 조치를 취하는 게 맞습니다. 하지만 자기가 원하는 대로 되지 않는다고 억지로 토를 유발하거나 일부러 오줌을 싸면 '무반응'과 '거리 두기'의 〈아기훈육〉이 필요합니다.

수동적·회피적인 공격성

육아방송에 섭외되어 나오는 아기들 대부분은 스트레스 상황에서 '적극적인 공격성'을 보이는 성향을 갖고 있습니다. 아기가 좀 더 과격한 행동을 보여줄 때 방송이 시청자의 관심을 끌 수 있기 때문입니다.

스트레스 상황에서 적극적으로 상대방을 공격하지 않고 수동적·회피적인 반응으로 힘들게 하는 기질의 아기들이 있습니다. 스트레스 상황에서 상대방에게서 멀어지는 행동을 보이는 아기들입니다. 이런 기질의 아기들은 멀리서 보면 상대방을 적극적으로 공격하지 않으므로 화를 내고 있다고 느껴지지 않습니다.

하지만 아직 고개를 못 가누는 신생아라도 싫으면 검은 눈동자를 옆으로 돌려서 싫다는 표현을 합니다. 부모가 억지로 눈을 맞추려고 할 때 아기의 검은 눈동자가 옆으로 돌아간다면 싫다는 표현입니다. 아기가 싫다고 표현했는데도 계속 눈을 맞추려고 노력한다면 아기는 조금씩 고개를 옆으로 돌릴 것입니다.

"
싫어요!
"

▶ 눈동자를 옆으로 돌려서 싫다는 표현을 해요.

"
정말 싫다니까요!
"

▶ 고개를 옆으로 돌려서 싫다는 표현을 해요.

74

생후 6~7개월 정도에 상체를 가누게 되면 어깨를 돌리면서 싫다는 표현을 합니다. 생후 7~10개월 정도에 허리까지 돌릴 수 있으면 아예 상체 전체를 돌립니다.

"
난 이 상황이 정말
싫어요!
"

그리고 기어갈 수 있거나 걸으면 저 멀리 도망가면서 상황을 피하려고 합니다.

"
계속 그러면 난 빨리빨리 도망갈 거예요!
"

때로는 안 된다고 엄한 표정을 지은 부모에게 웃으면서 다가와 얼굴을 만지면서 부모가 더 이상 화를 내지 못하게 만들기도 합니다.

66
엄마, 있잖아요.
엄마가 정말 예뻐요!
99

또한, 부모는 단호한 표정을 짓고 있는데 아기는 먼 곳을 손으로 가리키면서 저기 보라고 요구하며 부모의 관심을 돌리려고 합니다.

66
엄마, 저기 있는 게
뭐예요?
99

부모가 하지 말라고 말하면 갑자기 자기 머리를 잡고 아프다고 연기할 수도 있습니다. 이전에 정말로 머리가 아팠을 때 부모가 다가와서 관심을 보여줬던 경험을 기억하고 부모가 안 된다는 말을 하지 못하도록 하기 위한 아기의 귀여운 반응입니다. 귀엽지만 아기의 행동에 관심을 주지 않는 '무반응'의 〈아기훈육〉을 적용해야 합니다.

"
아! 갑자기 머리가
아파.
"

이런 반응들은 스트레스 상황에서 아기가 보일 수 있는 '수동적·회피적인 공격성'으로 설명할 수 있습니다. 멀리서 보면 그냥 아기가 다른 곳으로 가거나 엄마한테 애교를 부리는 행동으로 보입니다. 하지만 아기는 잘못된 행동을 저지하는 부모의 메시지를 받아들이지 않으려 하고, 부모는 자신의 의사에 반해 아기가 행동한다고 생각하는 바람에 감정이 상하다 보니 '공격성'이라고 표현하게 됩니다.

'수동적·회피적인 공격성'으로 반응하는 아기를 멀리 떨어져서 보면 아기가 상대방을 공격한다고 느껴지지 않지만, 부모는 아기가 자신을 무시한다고 느껴져서 답답함을 느끼거나 크게 화를 내기도 합니다.

스트레스 상황에서
부모를 컨트롤하려는 기질

스트레스 상황에서는 적극적인 공격성이 약자라고 생각되는 사람을 조종하려는 모습으로 나타나기도 합니다. 자기 마음대로 되지 않을 때 항상 자기를 보살펴주는 부모에게 "앉아"라고 말했는데 부모가 앉아주면 "일어서"라고 다시 말하기도 합니다. 앉으면 일어서라고 하고, 일어서면 다시 앉으라고 하다가 만약 부모가 자기 말을 듣지 않으면 온몸을 버둥거리면서 크게 화를 냅니다.

부모가 아기의 말을 들어줘야 아기가 진정된다고 생각해서 아기의 말에 따라 앉고 서기를 반복해주면 아기는 진정하지 않습니다. 누르면 소리가 나는 버튼을 계속 누르듯이 "앉아", "일어서"를 반복합니다. 결국 아기도 지치고 부모도 지쳐서 울기도 하고 크게 화를 내기도 합니다.

스트레스 상황에서 상대방을 조종하려는 아기의 태도에 대해 공감해주거나 존중해주지 않아야 합니다. 흥분된 상태의 아기를 진정시키려면 아기에게서 멀어지고 반응을 하지 않는 〈아기훈육〉이 필요합니다.

미운 세 살,
미운 일곱 살

'미운 세 살.'
행동으로 심하게 표현되는 아기의 '적극적인 공격성'은 자신의 몸을 잘
다룰 수 있는 24개월 전후에 가장 과격하게 표현됩니다. 우리나라 나이
로 세 살이므로 전통적으로 '미운 세 살'이라는 말이 나온 것 같습니다.
　적극적인 공격성은 아기의 운동성이 좋아지면서 더 적극적으로 나타
납니다. 아기 때 순했어도 자기 몸을 스스로 움직이게 되면서부터는 갑
자기 더 크게 울고 더 몸을 뻗치는 행동을 보여서 부모가 당황하기도
합니다. 자기 몸을 스스로 움직일 수 있는 운동성이 좋아지므로 스트레
스 상황에서 몸에 힘을 주는 행동이 강화됩니다.

'미운 일곱 살.'
한국 나이로 일곱 살은 만 5세에서 6세입니다. 이 나이가 되면 몸으로
표현하는 공격성은 줄어들고 말로 공격하는 반응이 커집니다. 스트레스
상황에서 "엄마가 그랬잖아!"라는 식으로 부모를 공격합니다.
　스트레스 상황에서 공격하는 말이나 억지를 부리는 미운 말을 하게
되므로 '미운 일곱 살'이라는 말이 나온 것 같습니다.

아기가 스트레스를 표현하는 '적극적인 공격성'은 타고난 특성이지만 부모가 스트레스를 받았다고 소리를 지르거나 물건을 던지거나 아기를 때리는 등의 학대에 가까운 공격성을 보인다면 아기의 타고난 적극적인 공격성은 더 강화될 수밖에 없습니다.

아기가 몸으로 화를 내거나 미운 말로 화를 낼 때는 다가가서 공감해 주기보다는 아기와 거리를 두는 〈아기훈육〉이 필요합니다.

잘 먹이고 잘 재우고 충분히 산책도 시켰는데
아기가 눈을 맞추지 않거나
호명반응을 보이지 않는다고 해서
엄마와의 애착에 문제가 생겼다고 단정하면 안 됩니다.

아기가 엄마를 보고 잘 웃지 않거나
말이 늦게 트인다고 해서
무조건 엄마가 아기에게 스트레스를 주었다고
진단을 내려서도 안 됩니다.

무뚝뚝한 아기의 기질적인 특성인지
발달장애의 특성인지를
엄밀히 분석하고
또 분석해봐야 합니다.

이번 장에서는 아기가 무언가 불편하다고 울음으로 표현하거나 자기가 원하는 대로 되지 않는다고 화를 내거나 부모의 말을 못 들은 척하고 피하려고 하는 등 아기를 키우는 일상생활 중에 나타나는 아기의 반응에 즉시 적용할 수 있는 기본적인 아기 훈육법에 대해서 설명합니다.

이번에 설명하는 아기훈육법은 아기가 자신의 욕구가 충족되지 않는 상황에서 스스로 감정을 조절하는 기회를 제공하기 위함입니다. 혹시 아기에게 스트레스나 상처를 줄지도 모른다는 불안이 들더라도 한번 천천히 적용해보시기 바랍니다.

4장

상황에 따라 대처하는 아기훈육법 13가지

천천히 다가가기
(15초 기다리게 하기)

아기가 배가 고프거나 기저귀가 젖어서 불편함을 느끼면 울면서 부모를 부릅니다. 생후 6개월 이후부터는 부모의 목소리만 들려도 부모가 자신의 속상함을 공감한다고 느낄 수 있습니다.

그러므로 배가 고프다거나 기저귀가 젖었다고 아기가 울고 있다면 아기에게 다가가기 전에 "잠깐만 기다리세요!"라고 먼저 말해주고 천천히 다가가주세요.

차분한 마음으로 필요한 것을 준비해서 아기에게 다가가기까지 15초 정도의 시간이 걸립니다. 이 15초는 아기가 스스로 속상한 감정을 추스를 수 있는 시간이 될 수 있습니다. 15초 후에 엄마가 자기의 요구를 들어준다면 '아, 조금만 기다리면 엄마가 오는구나. 굳이 크게 울 필요가 없겠네'라는 감정조절신경망이 만들어질 수 있습니다.

아기가 울 때 부모가 급하게 달려간다면 부모의 급한 감정과 에너지가 아기에게 전달되어 아기는 더 흥분하게 됩니다. 아기의 몸에 손을 댈 때도 몸에 긴장을 풀고 천천히 다가가보세요. 아기의 울음이 격해질수록 부모는 목소리 톤을 낮게 하고 몸놀림을 느리게 해야 합니다.

아기가 간식을 달라고 하거나 무언가 요구할 때 "잠깐만!" 하면서 잠시

알았어요. 잠깐만
기다리세요.

기다리게 한다고 해서 상처를 받거나 애착관계가 손상되지는 않습니다.

물론 상황에 따라 기다리게 하는 시간은 조절되어야 하지만 생후 6개월 미만이라면 15초, 12개월 전후라면 30초에서 1분, 만 2세라면 2분, 만 3세 라면 3분 정도 기다리는 경험은 아기의 뇌에 기다릴 때 스트레스를 덜 받게 하는 신경망이 만들어지게 합니다.

자녀가 많은 집이나 어린이집에서는 "기다리세요"라는 말을 일상적으로 듣게 되어 아기는 자신의 욕구충족이 지연되는 기다림에 크게 스트레스를 받지 않습니다. 하지만 집에서 과잉보호가 있었다면 어린이집에서 돌아와 서는 자신의 욕구가 빠른 시간 안에 해결되지 않을 경우 부모 앞에서 심하 게 화를 냅니다.

작은 자극으로
달래기

아기가 가능한 한 작은 자극에 스트레스를 달랠 수 있도록 기회를 제공해줘야 합니다. 우는 아기에게 다가가서 바로 아기를 안고 흔들어주기보다는 먼저 양육자의 얼굴을 보여주거나 목소리를 들려주다가 마지막으로 아기를 안아 흔들어주는 강한 자극을 제공하는 방법이 아기의 감정조절능력을 향상시키는 〈아기훈육〉의 효과를 가져옵니다.

간식을 줄 때도 적은 양으로 협상을 시도하면서 양을 늘려가야 합니다. 아기를 행복하게 해주고 싶거나 아기에게 사랑을 많이 주는 부모가 되고 싶은 마음에 한 번에 많은 양의 간식을 준다면 아기는 적은 양의 간식에 만족하지 못하고 커가면서 점점 더 많은 양의 간식을 요구할 수도 있습니다.

부모가 사랑의 표현을 처음부터 크고 강한 자극으로 시작한다면 아기

뇌에서는 점점 더 강한 자극을 요구하는 프로그램이 형성됩니다.

우는 아기를 달랠 때 빨리 아기의 울음을 멈추게 해야 한다는 초보 부모의 불안감이 아기를 안고 흔드는 강한 자극을 먼저 제공하게 만듭니다. 우는 아기에게는 "괜찮아요, 괜찮아요"라는 엄마의 목소리를 들려주며 천천히 다가가서 작은 자극으로 울음을 달래보세요.

아기의 스트레스 상황을 빨리 해결해주기 위해 무조건적으로 강하게 사랑을 표현하는 것과 아기 뇌의 감정조절프로그램을 강화하기 위해서 사랑의 표현을 절제하는 것 중 어떤 것이 더 아기를 위한 사랑의 방식인지 고민해보는 기회가 되길 바랍니다.

등에 힘을 주는 아기,
바닥에 내려놓기

●
▲
■
◆

아기는 생후 4개월이 지나면 목을 가눌 수 있습니다. 그래서 아기를 안았을 때 목과 등에 힘을 주고 버티면서 부모에게 저항하는 행동을 할 수 있습니다. 아기의 몸이 뒤로 젖혀져서 떨어질까 두려워 부모가 아기의 몸을 자신 몸쪽으로 더 당긴다면 아기는 등에 힘을 더 주고 더 강하게 상체를 뒤로 젖히기도 합니다.

이런 상황에서 아기가 무겁거나 부모가 매우 피곤하다면 큰일이 벌어질 수 있습니다. 아기를 안고 있는 부모가 몸의 균형을 잡지 못해서 아기와 함

66
아이고, 허리야.
잠깐만 내려놓자.
99

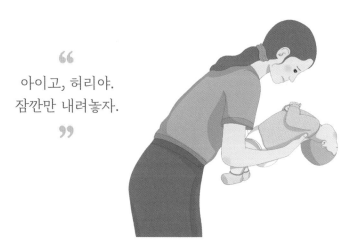

께 앞으로 넘어질 수도 있어서입니다.

아기가 계속해서 떼를 쓰는 수단으로 등에 힘을 주면서 상체를 뒤쪽으로 젖혀서 버틴다면 그 즉시 아기를 바닥에 내려놓으세요. 아기는 '어, 등에 힘을 주니까 오히려 엄마한테서 멀어지게 되네. 내가 원하는 게 아닌데' 하면서 화가 날 때 등에 힘을 주는 행동을 멈추게 될 것입니다.

이때 우는 아기에게 벌을 준다는 마음으로 아기가 몸에 충격을 받을 정도로 바닥에 내려놓으면 절대로 안 됩니다. '아이고, 네가 등에 힘을 주니까 엄마가 허리가 너무 아파서 좀 내려놓을게!'라는 생각을 하며 부드럽게 천천히 내려놓아야 합니다.

부드러운 태도로
공감해주기

아기가 울 때 부모가 당황한 행동을 보이고 흥분한 목소리로 말한다면 아기의 불안은 더 심해집니다. 또한, 아기가 배가 고파서 울 때 너무나 미안한 감정을 표현한다면 아기는 자신이 배고프면 안 되는데 배가 고팠다고 생각합니다.

"아이고, 미안, 미안. 이유식이 늦어서 배가 고팠지? 엄마가 너무너무 미안해!"라는 격한 감정의 태도로 접근하지 말고 "아이고, 우리 아기 배가 고팠네. 괜찮아요. 천천히 드세요!" 정도의 느리고 부드러운 태도로 공감해줘야 아기가 스트레스 상황에서 조금씩 덜 울게 되는 결과를 가져옵니다.

"
아이고, 우리 아기 배고팠지?
이유식 먹자!
"

침묵하기
+ 무반응

●
▲
■
◆

아기가 데굴데굴 구르거나 주변의 물건을 던질 때 적용할 수 있는 아기훈육법입니다.

"이렇게 던지면 안 되잖아"라고 말하기보다는 침묵하고 아기를 쳐다보지 않는 태도를 보여주세요. 부모의 침묵과 무반응은 아기의 뇌에 '지금 네가 하는 행동을 난 허락하고 싶지 않아', '이렇게 화를 낸다고 해서 네가 원하는 일이 이뤄지는 것은 아니야!'라는 메시지가 전달됩니다. 아기가 심하게 흥분해 있다면 부모는 침묵하면서 아기를 바라보거나 침묵하면서 아기를 쳐다보지 않는 방법도 있습니다.

"아이고! 이거 위험하니까 빨리빨리 치우자!", "네가 자꾸 던지니까 이거 다 치워버려야겠다!"라고 말하지는 마세요. 흥분된 어조로 말하면 아기의 뇌에는 '아! 화를 내고 우니까 엄마가 나에게 관심을 주는구나'라고 입력됩니다.

침묵하기
+ 단호한 표정으로 쳐다보기

침묵과 무반응으로 아기의 행동이 마음에 들지 않는다는 메시지를 전했는데
도 고집을 부리고 화를 크게 낸다면 엄마는 침묵하면서 단호한 표정으로 아
기를 쳐다보세요. 엄마의 얼굴에서 단호한 표정이 보이게 연기해야 합니다.

만일 마음이 여린 엄마라면 본인의 표정에서 단호함이 전달되는지 거울
을 보면서 연습하셔도 좋습니다.

〈아기훈육〉은 말로 하는 것이 아니라 부모의 표정과 행동으로 표현되는
것입니다. 연기력으로 도전해보세요.

| 거울을 보면서 단호한 표정을 연기하기 |

거리
두기

거리 두기는 아기가 자기 말을 들어주지 않는다고 머리를 바닥에 박거나 부모를 때릴 때 쓰는 아기훈육법입니다.

아기의 나이에 따라서 거리 두기를 해야 하는 시간의 차이가 있을 수 있습니다. 12개월이면 1분 정도, 24개월이면 2분 정도, 36개월이면 3분 정도로 생각하면 좋습니다. 아기가 스스로 격한 감정을 추스를 수 있을 정도의 시간이 필요합니다.

거리 두기를 한 후에 천천히 아기에게 다가갔는데 다시 아기가 머리를 박거나 부모를 때린다면 0.5초 만에 자리를 떠서 아기와 거리를 두는 아기훈육법을 다시 실행해야 합니다.

우는 아기를 두고 자리를 뜨면 가슴이 아프지만 네 번 정도 반복하면 좋습니다. 화를 낼 때마다 부모가 자리를 뜨면 아기의 뇌에는 '어, 내가 울면 부모가 나한테서 멀어지네. 부모가 나한테서 안 멀어지려면 내가 안 울어야 하나?'라는 프로그램이 새로 만들어집니다. 거리 두기를 반복하면 아기가 스트레스 상황에서 머리를 박거나 부모를 때리거나 크게 울면서 떼를 쓰는 행동이 수정될 수 있습니다.

아기를 많이 다뤄본 부모는 아기가 자해할 때 거리 두기라는 아기훈육법을 쓰면 아기의 자해행동이 곧 멈춘다는 사실을 잘 알고 있습니다. 그러나 초보 부모는 아기가 자해하면 매우 놀라기 때문에 거리 두기를 침착하게 실행하기가 어렵습니다.

> 머리를 박네.
> 빨리 다른 곳으로 가야겠다.

거리 두기를 제대로 실행하기 위해서는 아기에게서 등을 돌려야 하므로 핸드폰에 CCTV 앱 설치를 추천합니다. 거리 두기를 위해 다른 방에 들어가서도 아기의 행동을 관찰할 수 있어야 부모의 불안을 줄일 수 있습니다.

초보 부모라서 겁이 나더라도 거리 두기를 한두 번 시도해 본다면 부모가 거리를 뒀을 때 아기의 감정이 더 잘 조절됨을 경험하게 됩니다. 이후 일상에서 익숙하게 활용할 것입니다.

"어! 금방 일어나네."

0.5초 만에 아기를 안고 밖으로 나오기

●
▲
■
◆

실내놀이터나 이웃집에 방문했는데 아기가 물건을 던지거나 친구를 때릴 때 활용하는 아기훈육법입니다.

부모는 아기가 공격적인 행동을 보이는 즉시 0.5초 만에 아기를 안고 밖으로 나와야 〈아기훈육〉의 효과를 가져올 수 있습니다. 만일 상대방 아기를 달래고 상대방 엄마에게 사과하면서 시간을 지체한 후에 아기를 데리고 나온다면 〈아기훈육〉의 효과를 보지 못합니다.

아기는 흥분된 상태에서 상대방을 때리거나 물건을 던졌으므로 아직 흥분상태인데 이때 부모가 자기의 몸을 들어 올려 밖으로 데리고 나가는 강한 힘을 경험하면 순간적으로 흥분된 감정을 가라앉힐 수 있습니다.

밖에서 1~2분 기다리면서 아기가 스스로 감정을 조절할 수 있는 시간을 준 후에 다시 놀이공간 안으로 들어가면 됩니다. 하지만 들어가자마자 또 공격적인 행동을 보인다면 다시 0.5초 만에 데리고 나와야 합니다.

아기가 공격적인 태도를 보일 때마다 0.5초 만에 아기를 안고 밖으로 나오기를 네 번 정도 반복하면 아기의 뇌에 '아! 내가 누군가를 때리면 이 놀이공간에서 나가야 하는구나'라는 프로그램이 만들어지고 아기는 욱하고 화나는 상황에서 스스로 감정을 누를 수 있게 됩니다.

> **친구를 때리면 안 되니까**
> **빨리 밖으로 나가자.**

유아안전문
활용하기

엄마가 거리 두기를 하기 위해서 부엌으로 갈 때 아기가 빠른 배밀이나 종종걸음으로 엄마에게 달려와서 엄마의 다리를 붙잡고 못 움직이게 하며 우는 경우가 많습니다.

아기가 기어다니기 시작하는 시기에 거리 두기를 효과적으로 실행하려면 유아안전문을 활용하면 좋습니다. 집안 곳곳에 유아안전문을 설치해놓으면 〈아기훈육〉의 시작이 쉬워집니다.

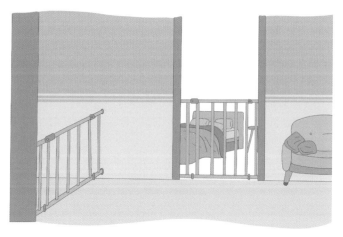

▶ 집안 곳곳에 유아안전문을 설치하세요.

> 66
> 누워 있는 동생을 때리면 안 돼요.
> 잠깐 기다리세요.
> 99

> 66
> 청소기는 만지면 위험해요.
> 잠깐만 기다리세요.
> 99

유아안전문을 활용할 때 아기를 이중훈육하지 않도록 주의해주세요. 아기를 유아안전문 안으로 넣는 행위 자체가 이미 안 된다는 메시지를 전달하는 거리 두기를 실행한 것입니다.

예를 들어, 아기를 유아안전문 안에 넣고 "왜 그래?", "동생을 안 때리기로 약속했잖아!"라고 목소리를 높인다면 아기에게 이중훈육이 됩니다. 이중훈육을 하면 아기에게 반항심이 생길 수 있으므로 조심해야 합니다.

"
동생을 때리지 말라고 했는데
왜 때리는 거야!!
"

▶ 이중훈육을 하지 않도록 주의하세요. 아이의 마음에 상처를 줄 수 있습니다.

손짓으로
메시지 전달하기

아기가 문장으로 된 말을 알아듣더라도 스트레스 상황이 되면 아기의 언어 이해력은 현저히 떨어집니다. 이런 상황에서는 부모의 말이 언어가 아니라 의미 없는 소음으로 들리기도 합니다.

아기에게 그만하라는 메시지를 전달할 때 계속 말을 길게 하면 도움이 되지 못합니다. 오히려 침묵하면서 손바닥을 아기에게 보이면 그 행동을 하지 말라는 메시지가 전달됩니다. 또한, "안 돼"라고 짧게 말하면서 두 팔을 겹쳐 X 자를 만들어 그만하라는 신호를 주면 좋습니다.

신체
구속하기

'신체 구속하기'란, 아기가 몸을 버둥거리면서 위험한 상황에 빠질 수 있거나 상대방을 때리려고 할 때 팔다리를 움직이지 못하도록 부드럽게 잡으면서 안 된다는 메시지를 전하는 아기훈육법입니다. 필요하다면 아기의 다리를 부모의 다리 사이에 끼워 움직이지 못하게 하면서 아기의 양어깨를 잡을 수도 있습니다. 아기의 어깨를 양손으로 부드럽게 잡으면서 2~5초 정도 단호한 표정을 지어도 좋습니다.

신체 구속하기는 스스로 몸을 움직일 수 있는 생후 7개월 이후에 적용

"
그렇게 하면
안 되는 거야!
"

하면 효과적입니다.

생후 7개월 이후에는 "안 돼"라는 말을 이해합니다. 아기의 신체를 잡고 단호한 표정과 함께 낮은 목소리로 "안 돼"라는 말을 더해도 좋습니다. 아기가 화가 나서 흥분상태일 때는 부모가 같이 흥분하면 안 되고 목소리 톤이나 얼굴의 표정 모두 안정되고 낮은 에너지를 보내줘야 합니다.

혹시라도 굳이 아기의 신체를 구속할 필요가 없는데 그동안 아기가 보였던 행동 때문에 화가 나서 자주 아기의 몸을 잡는 양육 태도가 나오지 않게 주의해주세요.

〈아기훈육〉 차원으로는 아기의 신체를 구속하기보다는 아기를 안아서 유아안전문 안으로 넣는 거리 두기를 우선적으로 권합니다.

아프다는 메시지
전하기

아기가 화가 난다고 부모를 때릴 때 부모가 "아파, 아파"라고 반복적으로 말하거나 "너도 똑같이 얼마나 아픈지를 경험해봐!"라고 말하며 아기를 때리는 경우가 있습니다.

이미 화가 난 아기에게 말하거나 아기를 때리는 행동은 아기의 행동 수정에 아무런 변화를 가져오지 못합니다. 오히려 아기의 적극적인 공격성이 더 심해질 수 있습니다. 아기의 적극적인 공격성이 더 심해지면 부모는 결국 더 크게 화를 내거나 신체적인 체벌을 하게 되는 안타까운 결과를 낳기도 합니다.

이미 혼자서 잘 걸을 수 있는 아기가 자꾸 안아달라고 하거나 부모를 아기가 때리면 부모가 아기에게 아프다는 메시지를 전달하는 게 〈아기훈육〉에 도움이 됩니다. 아기가 부모를 때릴 때 아빠가 엄마의 몸에 빨간약을 발라주거나 파스를 붙여주면서 엄마가 많이 아프다는 메시지를 아기에게 전달하면 됩니다.

아기는 원래 자기중심적이며, 특히 스트레스 상황에서는 더 자기중심적이 되므로 부모가 말하는 "아파"라는 말의 의미를 이해하는 데 어렵습니다. 이때 빨간약이나 파스 등의 시각적인 정보를 같이 보여주거나 엄마가 침대에 누워 있는 모습을 아기가 눈으로 확인하게 해주면 자기의 행동이 상대방에게 어떤 영향을 미치는지를 인지할 수가 있습니다. 말은 줄이고 행동으로 메시지를 전달하는 〈아기훈육〉이 필요한 경우라고 할 수 있습니다.

> 아이고, 엄마가 팔꿈치가 많이 아프네.
> 당분간 너를 안을 수가 없어.

유아안전문을 사이에 두고 안방에 들어가서 침대에 누워 있는 모습을 보여주면 부모가 힘들다는 메시지를 전달하는 데 효과적입니다. 생후 18개월 이후라면 유아안전문을 사이에 두고 안방 침대에 5분 정도 누워 있으면서 아기가 스스로 화난 감정을 가라앉히는 기회를 줘도 좋습니다.

"
아이고,
엄마가 너무 힘들다!
"

아기가 상대방을 배려하는 기회를 주기 위한 〈아기훈육〉의 방법으로 엄마가 아프다는 메시지를 전할 수는 있습니다. 하지만 만 5세 이후 아이에게 엄마 말을 잘 듣게 하기 위한 방법으로 엄마가 아프다고 장시간 누워 있거나 아이 앞에서 울면서 호소하는 모습은 좋지 않습니다. 아이에게 바라는 것이 있어서 엄마가 약자 코스프레의 태도를 취하면 아이의 자존감이 낮아질 수 있기 때문입니다.

아프다는 메시지 전하기는 아기가 매우 자기중심적인 태도를 보일 때만 잠시 필요한 아기훈육법입니다.

일상으로
돌아오기

부모는 위험한 상황이 정리되고 아기가 진정되면 "아까 네가 물건을 던져서 엄마가 유아안전문 안에 넣었지? 다음엔 그러지 마세요. 위험해요!"라고 말로 설명하는 경우가 많습니다. 아기의 감정이 조절돼서 부모의 말을 알아들을 수 있다면 말을 해도 괜찮습니다.

하지만 아기가 아직 문장으로 된 긴말을 이해하기 어렵다면 굳이 말을 하지 않아도 괜찮습니다. 이미 유아안전문 안으로 아기를 넣은 행위로 인해

"
물 마실까?
"

▶ 유아안전문을 열어주면서 다정히 말해주세요.

아기에게 그러지 말라는 메시지가 전달됐기 때문입니다.

아기가 진정되면 유아안전문을 열면서 마치 아무 일도 없었다는 듯이 "물 마실까?"라고 말해주면서 일상으로 돌아와도 괜찮습니다.

아기가 유아안전문 안에서 스스로 속상하고 화가 나는 감정을 조절했다면 유아안전문을 열어주면서 "아이고, 속상했어요?"라고 말하며 꼭 껴안아줘도 괜찮습니다. 평상시에 순한 기질의 아기일수록 스킨십은 크게 위로가 됩니다.

하지만 자기중심적인 기질의 아기라면 강한 스킨십은 조심해야 합니다. 부모의 강한 스킨십이 〈아기훈육〉에 대한 부모의 사과로 인식돼서 더 크게 울면서 화를 낼 수도 있기 때문입니다.

〈아기훈육〉 후에 스킨십을 시도할지 말지에 대한 결정은 아기의 기질적인 특성과 상황에 따라서 판단하기를 권합니다.

“
아이고, 속상했어요?
다음엔 그러지 마세요.
”

▶ 유아안전문에서 나온 후에 안아주세요.

〈아기훈육〉이 성공적으로 이뤄지려면
평상시 아기의 긍정적인 행동에
충분히 칭찬해줘야 합니다.

평상시 다정한 목소리와
미소 짓는 얼굴을
잊지 마세요.

젖만 먹여주면 기저귀가 젖어도 불편해하지 않고 잠을 자는 아기에게는 과잉보호를 줄이는 〈아기훈육〉만 필요합니다. 하지만 쉽게 스트레스를 받고 크게 우는 기질을 타고난 아기라면 출생 직후부터 스스로 감정을 조절할 기회를 제공하기 위해 적극적인 〈아기훈육〉을 시작해야 합니다.

이번 2부에서는 아기의 연령별 발달 특성을 고려한 〈아기훈육〉에 대한 방법을 다뤘습니다. 2부에서는 아기를 주로 돌보는 주 양육자를 '엄마'로 대표해 표기했습니다. 할머니나 아빠가 주 양육자라면 '엄마' 대신에 대입해 읽으시면 됩니다.

2부

● ● ●

발달기별로 알아보는
내 아기
맞춤 훈육법

생후 6개월까지는 목 가누기와 양손 쓰기 등의 운동발달이 이뤄지는 시기입니다. 점점 몸을 움직일 수 있는 능력이 생기지만 아직 아기가 스스로 몸을 이동시키기는 어렵습니다. 아기가 스트레스 상황이 되면 울음을 통해서 엄마에게 빨리 와서 어려움을 해결해달라고 호소합니다.

이때 불안하고 속상한 아기의 마음은 공감해주되 엄마는 천천히 움직이도록 노력해야 합니다. 우는 아기를 향해서 숨 가쁘게 몸을 움직이고 불안하게 반응하면, 이후 엄마가 빨리 다가오지 않을 경우 아기의 불안은 더 심해집니다.

1장

출생~생후 6개월
〈아기훈육〉

출생~생후 6개월 아기의 발달 특성

아기의 청각 인지발달 특성

아기는 태어나면서부터 들을 수 있습니다. 태어나자마자 가족들의 목소리나 주변에서 나는 소리를 인지하고 반응합니다.

생후 4개월 이전 아기의 귀에는 딸랑이 소리와 같은 부드러운 소리가 좋게 들립니다. 만약 집의 초인종 소리가 너무 높은 톤이라면 아기에게 스트레스로 다가올 수 있으므로 부드러운 멜로디로 바꿔주면 좋습니다.

생후 4개월까지의 아기는 고집을 부리려는 의도된 울음을 울기가 어렵습니다. 그러므로 아기가 울 때 엄마가 "안 돼!" 하고 목소리를 높이면 아기는 더 놀랍니다. 가능하면 아기가 울 때는 다가가서 우선 얼굴을 보여줘 아기를 안심시키는 행동이 필요합니다. 생후 4개월까지는 아직 엄마의 목소리를 듣는 것만으로는 불안을 가라앉히기 힘듭니다.

생후 6개월부터는 스트레스 상황에서 엄마가 "알았어요. 금방 가요. 기다리세요"라고 목소리만 들려줘도 아기는 자신의 요구가 엄마에게 접수됐다는 사실을 인지하고 불안을 가라앉힐 수 있습니다.

아기의 시각 인지발달 특성

아기는 약한 시력을 갖고 태어나기 때문에 태어나자마자 엄마와의 눈 맞춤이 어렵습니다. 대신 입술의 움직임은 시각적으로 인지할 수 있습니다. 아기를 보면서 말을 하면 아기가 엄마의 입술 움직임에는 집중할 수 있습니다.

생후 2개월경에는 엄마의 얼굴을 조금씩 인지하기 시작하고, 생후 4개월이 되면 엄마 얼굴의 작은 점까지도 인지할 수 있을 정도로 시력이 발달하므로 엄마와의 눈 맞춤에 어려움이 없게 됩니다.

생후 4개월경에는 엄마를 신뢰하는 애착이 만들어집니다. 따라서 엄마가 단호한 표정으로 잠깐 기다리라는 메시지를 전하는 〈아기훈육〉을 시도할 수 있습니다. "기다리세요!"라는 목소리와 함께 표정 없는 얼굴을 보여준다면 아기가 '어! 날 돌봐주는 의미 있는 사람이 그만 울라고 말하네. 이 사람과 좋은 관계를 유지하려면 내 행동을 멈추어야 하나?'라고 생각합니다. 아기가 울음을 멈췄을 때 "아이고, 고마워요"라고 부드러운 목소리로 칭찬해준다면 성공적인 〈아기훈육〉의 결과를 얻을 수 있습니다.

아기의 친밀도

생후 2개월 전까지는 엄마와 눈을 맞추기 어려우므로 강한 친밀도를 보이기가 어렵습니다. 생후 3~4개월이 지나면서 엄마와의 눈 맞춤이 쉬워지므로 미소를 보인다거나 엄마의 웃는 얼굴을 보고 옹알이를 시작할 수도 있습니다. 하지만 타고나기를 친밀도가 떨어지는 아기는 엄마가 눈을 맞추려고 해도 오히려 눈을 피할 수 있습니다.

생후 4개월이 지나면 시력이 발달해서 엄마 얼굴의 점도 인지할 수 있

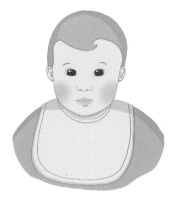

| 얼굴에 표정이 많은 아기 | | 얼굴에 표정이 없는 아기 |

게 되지만 친밀감이 낮은 기질의 아기는 얼굴의 표정만으로 엄마의 심리를 파악하기 어렵습니다. 엄마가 미소를 지어보여도 무표정이거나 단호한 표정을 지어보여도 아기가 고개를 돌리고 반응을 보이지 않을 수 있습니다.

하지만 너무 걱정하지 마세요. 아기와 놀이할 때 많이 웃어주면 아기의 타고난 무뚝뚝한 기질도 조금씩 친밀감을 보이는 기질로 발전합니다.

아기의 흥미도

이 시기의 아기는 시력보다 청력이 더 발달한 상태이므로 장난감이나 부모의 얼굴을 보는 일보다는 장난감 소리나 부모의 목소리에 더 크게 반응합니다. 장난감 소리에 더 반응하는 아기가 있고 사람의 목소리에 더 반응하는 아기가 있습니다. 아기가 잘 반응하고 집중하고 좋아하는 소리를 알아뒀다가 〈아기훈육〉에 활용하면 좋습니다.

타고난 기질이 순하고, 사람을 좋아해서 친밀도가 높으며 다양한 모양과 소리에 흥미를 보이는 아기일수록 〈아기훈육〉은 쉬워집니다. 반면에 타고난 기질이 까탈스럽고 친밀도가 높지 않고 흥미도도 높지 않은 아기일수록 힘들지만 〈아기훈육〉의 도움이 더 필요합니다.

아기의 큰 근육 운동발달

아기가 태어나면 처음에는 엎드려진 상태에서 고개만 양옆으로 돌릴 수 있습니다. 생후 2개월이 되면 엎드린 상태에서 고개를 턱까지 들어 올릴 수 있고, 생후 3~4개월이 되면서는 엎드린 상태에서 젖꼭지까지 상체를 들어 올릴 수 있습니다. 생후 5~6개월이면 엎드린 상태에서 배꼽까지 상체를 들어 올릴 수 있습니다.

아기가 엎드려진 상태에서 젖꼭지까지 상체를 들어 올릴 수 있다면 스트레스 상황에서 등에 힘을 주면서 버티기도 합니다.

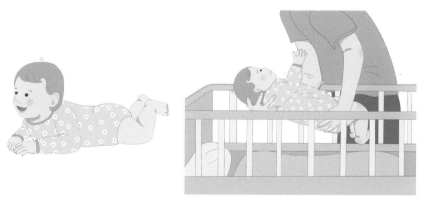

▶ 젖꼭지까지 상체를 올릴 수 있다면 스트레스 상황에서 등에 힘을 주며 버틸 수 있어요.

아기의 작은 근육 운동발달

생후 4~5개월부터는 앞에 있는 장난감을 향해서 손을 뻗을 수 있습니다. 생후 4~5개월 이후에 아기가 우연히 엄마의 머리카락을 손에 쥐었을 때 엄마가 웃으면서 "아이고! 아이고!"라고 말한다면 아기는 자신의 행동을 엄마가 좋아한다고 생각합니다. 이때는 조용히 아기의 손을 풀어서 머리카락을 떼어내는 것이 좋습니다.

아기가 손을 내밀어서 엄마의 머리카락을 의도적으로 잡으려고 한다면 아기를 엄마 품에서 멀리해서 엄마의 머리카락이 아기의 손에 잡히지 않게 해야 합니다.

▶ 엄마의 머리카락을 잡아당기기도 해요.

생후 5~6개월이 되면 딸랑이를 가지고 팔을 흔들다가 우연히 아기 식탁을 내리치는 경우가 생깁니다. 이때 자신의 행동으로 소리가 나는 것을 알게 되면서 딸랑이를 손에 쥐고 식탁이건 바닥이건 내리치면서 의도적으로 소음을 만들어낼 수도 있습니다.

생후 5~6개월에 장난감으로 바닥을 쳐서 소리 내는 것은 집안을 시끄럽게 하겠다는 의도적인 태도가 아니므로 이를 아기의 놀이로 받아들이고 〈아기훈육〉을 적용하지는 않습니다. 아기가 바닥을 치는 소리가 너무 시끄럽다면 바닥을 칠 수 없는 곳으로 아기를 이동시키면 됩니다.

"
아이고 재밌네.
소리가 나요!
"

출생~생후 6개월 아기의
스트레스 행동에 따른 부모의 느낌과 반응

아기의 스트레스 행동

생후 6개월 이전의 아기가 스트레스 상황에서 보이는 반응은 아기가 타고
난 기질적인 특성에 따라서 크게 차이를 보입니다. 다음은 스트레스 상황에
서 아기가 보이는 반응들입니다.

- **울기:** 칭얼칭얼 보채면서 운다, 자지러지게 운다, 악을 쓰면서 운다, 울음
  을 멈추지 않는다 등
- **몸 움직이기:** 울면서 발버둥 친다, 울면서 발을 동동 구른다, 발을 찬다,
  손을 꽉 쥔다. 눈을 크게 뜨고 긴장한 모습을 보인다 등
- **자해하기:** 엎드려서 얼굴을 바닥에 박고 비빈다, 누워서 머리를 도리도리
  반복적으로 움직인다, 머리를 바닥에 쿵쿵 박는다 등
- **상대방 때리기:** 양육자의 얼굴을 쓸어내리거나 머리카락을 움켜쥔다 등

120

엄마의 느낌과 반응

아기가 스트레스 행동을 보일 때 엄마의 느낌과 반응을 정리해봤습니다.

- 아기가 울면 불쌍하고 불안해져서 금방 안아준다.
- 아기의 울음소리에 예민해진다.
- 안아줘도 울음을 그치지 않으면 어떻게 해야 할지 몰라서 불안하다.
- 달래도 울음을 그치지 않으면 내가 지쳐서 그냥 내버려둔다.
- 울음을 멈추지 못하는 모습을 보면 어렸을 때의 나를 보는 것 같아 자괴감이 들고 화가 난다.
- 아기가 달래지지 않으면 무표정한 얼굴로 바라보게 된다. 아기의 마음에 상처가 생길 것 같아서 불안하다.
- 우는 아기의 마음을 읽어 해결방법을 찾아주고 싶지만 몰라서 짜증 난다. 머리가 아프다.
- 아기가 달래지지 않으면 혹시 아기가 나를 멀리하나 하는 생각도 들고, 아기가 엄마한테서 안정감을 찾지 못하는 것 같아 불안하다.

엄마는 보통 아기가 스트레스 행동을 보이면 예민해지면서 안쓰러운 마음, 불안한 마음, 죄책감, 짜증, 화남 등 다양한 감정을 경험합니다. 이런 감정이 지나치면 자괴감까지 느껴지므로 에너지가 많이 불안해져서 감정을 차분히 가라앉히고 시도해야 하는 〈아기훈육〉이 어려워질 수도 있습니다.

아빠의 느낌과 반응

아기가 스트레스 행동을 보일 때 아빠의 느낌과 반응을 정리해봤습니다.

- 안쓰러운 마음에 안아준다.
- 어디가 불편한지 살펴본다(기저귀가 축축한지, 졸음이 오는지, 배가 고픈지 등).

아빠는 생후 6개월 이전의 아기가 울 때는 크게 불안해하지 않습니다. 아기를 안쓰럽게만 생각하고 문제를 해결해주려고 합니다. 아기의 울음으로 애착을 걱정하거나 빨리 문제를 해결해줘야 한다는 불안은 느끼지 않습니다.

엄마는 아기를 열 달 동안 뱃속에 품으면서 불안감과 육체적 피로가 지속되었기 때문에 아기가 울 때 더 예민해집니다. 엄마가 아빠보다 더 불안해하고 심한 자괴감까지 느끼게 된다는 것에 대해서 아빠와 가족 모두의 이해가 필요합니다.

간혹 성격적으로 불안감이 매우 높은 아빠가 엄마보다 더 심한 불안으로 힘들어하면서 엄마들이 느끼는 자괴감을 느끼기도 합니다.

출생~생후 6개월
〈아기훈육〉에 성공하려면

●
▲
■
◆

출생부터 생후 6개월까지 아기에게는 무엇보다 안전과 호기심의 충족이 필요합니다. 〈아기훈육〉을 시작하기 전에 아기가 다치지 않고, 심심하지 않도록 살펴주셔야 합니다.

아기가 다치지 않을 안전한 환경을 준비하세요

〈아기훈육〉을 시작하기 전에 우선 물리적으로 아기가 위험에 처하지 않을 환경을 만들어줘야 합니다. 바닥에는 매트를 깔아서 아기가 넘어지거나 스트레스로 인해 아기가 머리를 바닥에 박더라도 큰 상처가 나지 않도록 미리 조치를 취해놓아야 합니다. 아기의 장난감 구입보다 바닥에 깔 매트 구입이 우선일 수 있습니다.

나중에 아기가 커서 걸을 수 있게 될 때 벽이나 식탁 등에 머리를 다칠 것을 대비해서 아기 키 높이 위치까지는 보호 매트와 보호대를 미리 설치하면 좋습니다.

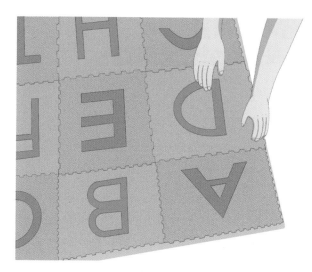

▶ 바닥에는 매트를 깔아주세요.

　　아기의 머리가 닿을 높이의 식탁이나 책상, 책꽂이 모서리에는 보호대
를 붙여줘야 합니다.

　　아기가 콘센트에 전기가 통하는 젓가락 같은 막대기를 끼울 수 있습니
다. 콘센트에 덮개를 씌워주세요.

▶ 식탁 모서리에 보호대를 붙여주세요.

▶ 콘센트에 덮개를 씌워주세요.

아기가 다가가면 위험할 수 있는 현관, 부엌, 화장실, 베란다 등에는 유아안전문을 설치해주세요. 그래야 아기가 더러운 곳으로 기어간다거나 가스레인지 같은 위험한 물건을 만지는 바람에 부모가 놀라서 아기를 야단치는 일을 미리 예방할 수 있습니다.

▶ 위험한 곳에는 유아안전문을 설치해주세요.

유리컵이나 도자기처럼 아기가 우연히 만졌을 때 떨어져서 깨질 수 있는 위험한 물건은 아기 손이 닿지 않는 곳에 미리 올려놓아야 합니다. 혹시 거실 장 서랍에 칼과 가위 같이 위험한 물건을 넣어두면 아기가 배밀이를 하다가 우연히 서랍을 열어 빼낸 후에 갖고 놀 수도 있습니다. 낮은 위치의 서랍에도 위험한 물건이 있는지 반드시 확인해주세요.

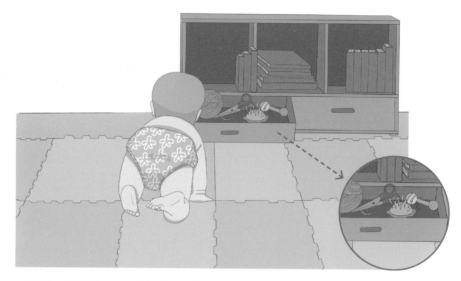

▶ 아기가 가위나 바늘 같은 위험한 물건이 있는 서랍을 향해서 기어갈 수도 있습니다.

〈아기훈육〉 전에 산책은 필수예요

아기에게 심심함은 배고픔만큼이나 고통스러운 일입니다. 이 시기의 아기는 시각적 및 청각적 인지능력이 빠르게 발달하므로 하루 종일 집안에서만 노는 일은 매우 지루해할 수 있습니다.

생후 4개월부터는 하루에 한 번 이상 산책을 하면 좋습니다. 무료함을 새로운 장난감으로만 달래지 말고 산책을 통해서 낯선 사람들도 관찰해보게 하는 등 세상 구경이 아기의 뇌 발달에 도움이 됩니다. 주기적인 산책을 통해서 엄마가 이웃들과 인사하는 모습도 아기에게 보여주세요. 그리고 유모차가 천천히 흔들리는 자극은 아기의 뇌에 안정감을 주므로 아기가 편안히 잠들 수도 있습니다.

아기를 데리고 나가기가 힘든 환경에 거주하고 있을 경우 이웃사촌들이 집에 자주 방문할 수 있게 하면 아기에게 큰 도움이 됩니다.

▶ 매일매일 유모차에 태워서 산책해주세요.

산후우울증이나 육아우울증은 빨리 도움을 받아야 해요

아기가 태어나자마자 모든 부모가 자연스럽게 아기에 대한 애정이 생기지는 않는다고 이미 많은 연구결과가 이야기하고 있습니다. 다행히 모성은 학습으로 만들어질 수 있으므로 아기와 상호작용을 잘하고 아기를 잘 돌보는 사람이 옆에서 코치를 해주면 아기를 이해하면서 애정이 더 커질 수 있습니다.

하지만 안타깝게도 '독박 육아'는 아기 키우는 일을 코칭해주는 사람이 없는 상황입니다. 독박 육아 상황에서 초보 엄마와 아빠는 아기가 계속 낯설게 느껴지기도 합니다.

육아는 (육아) 지식과 정보만으로 가볍게 도전할 수 있는 일이 아닙니다. 엄마가 회사에서 일을 잘했던 경험이 있거나 설령 어린이집이나 유치원에서 집단으로 아기들을 대한 경험이 있어도 내 아기를 키우는 일이 마냥 쉽지만은 않습니다.

익숙하지 않은 육아에서 아무리 노력해도 좋은 결과가 나지 않는 것 같다고 생각될 때 엄마는 자괴감에 시달리면서 육아우울증에 걸리기도 합니다.

육아우울증에 걸리면 아기를 위해서 지나치게 노력하다가도 지쳐서 갑

[육아우울증 체크리스트]

☐	엄마가 되었다는 사실이 기쁘지 않다.
☐	아기를 키우는 일이 보람도 없고 즐겁지도 않다.
☐	나는 아기를 잘 키우지 못할 것이므로 내 아기는 정상적으로 성장하지 못할 것 같다고 생각된다.
☐	나는 엄마 역할을 제대로 할 수 없으므로 살 가치가 없다고 생각된다.

자기 소리를 지르거나 울거나 하는 등 감정이 격해집니다.

어려서 부모를 신뢰하기 어려운 환경에 있었다면 육아우울증에서 쉽게 회복되기가 어려울 수도 있습니다. 내게 상처를 준 부모처럼 되지 않겠다면서 필요 이상으로 애를 쓰다가 육체적인 피로가 커질 경우 육아우울증이 더 심해지게 됩니다.

육아는 육아 정보 습득만으로 잘할 수 있는 일이 절대로 아닙니다. 아기를 돌보면서 '육아우울증 체크리스트'의 항목에 해당하는 감정이 느껴진다면 빨리 가까운 가족이나 친구에게 알리고 전문가의 진단을 받아보는 것을 권합니다.

출생~생후 6개월
아기훈육법

초보 부모의 불안한 마음이 아기에게 전달되면 아기의 불안은 더 커집니다. 이 시기의 가장 중요한 아기훈육법은 아기가 울 때 크게 호흡하면서 감정을 조절하고 안정적인 에너지를 유지하는 것입니다. 아기가 크게 울 때 서두르지 말고 천천히 움직이려고 노력해보세요.

천천히 다가가기

아기에게 모유 수유를 할 때 아기가 울면 달려가서 젖부터 물리지 않아야 한다고 모유 수유교육 때 배웁니다. 이제 출산하고 아직 회복되지 않은 엄마는 천천히 움직여서 벽에 등을 대고 편하게 앉아 무릎에 수유 쿠션을 올려놓는 일이 우선입니다. 엄마가 안전하게 앉은 후에 아기를 안아서 젖을 먹이기 시작해야 합니다.

엄마가 아기를 안아 올리기까지의 15초 동안의 시간을 기다리게 하는 것이 〈아기훈육〉의 시작입니다. 15초의 시간은 아기가 속상한 감정을 스스로 달래면서 뇌의 감정조절프로그램을 강화하는 시간이 됩니다.

인공 수유를 하는 경우 양육자가 천천히 다가가서 편한 자세로 앉은 다음, 아기를 안전하게 앉힌 후에 분유를 먹여야 합니다. 잠깐만 기다리면 불편함이 해결된다는 경험을 반복적으로 할 때 까탈스러운 기질을 타고난 아기도 천천히 감정조절프로그램을 강화시킬 수 있습니다.

작은 자극으로 달래기

우는 아기를 빨리 안기보다는 엄마의 얼굴을 보여주고, 목소리를 들려주고, 딸랑이 소리도 들려주면서 아기가 작은 자극에도 감정을 조절할 수 있게 도와주세요. 작은 자극에 아기의 울음이 그치지 않는다면 천천히 아기를 안아서 흔들어주면 됩니다.

부드러운 태도로 공감해주기

아기가 울 때 부모가 격하게 안쓰러워하는 목소리와 얼굴의 표정으로 공감을 해주는 경우가 많습니다. 격한 목소리로 공감해주면 아기는 자기가 마치 크게 위로받아야 할 상황에 처했다고 느끼고 더 크게 웁니다.

아기가 배가 고파서 울거나 기저귀가 젖어서 울 때 "어떡해…. 미안, 미안. 배가 고팠어?"라는 격한 태도보다는 "아, 알았어요. 배가 고파요? 괜찮아요. 잠깐만 기다리세요"라는 부드러운 목소리로만 공감해주는 것이 좋습니다. 부모의 안정적이고 부드러운 목소리 톤이 아기가 스스로 감정조절을 할 수 있게 돕기 때문입니다.

부모가 하는 말의 의미를 이해하지는 못하지만 부모의 부드러운 말투 때문에 '지금 그렇게 크게 울 상황은 아닌가 보다'라고 느낄 수 있습니다.

출생~생후 6개월 〈아기훈육〉 Q&A

자면서도 울어요

Q 태어난 지 7일 된 아기인데 자면서도 울어요.

A 아기가 태어나서 백일까지는 새로운 세상에 적응하는 시기입니다. 엄마 뱃속에서 열 달 동안 있다가 빛이 있는 세상에서 먹고 자야 하는 일이 아기에게 스트레스로 작용되는 것은 당연합니다. 아기가 자면서 칭얼댈 때마다 다가가서 안아준다면 아기는 자기도 모르게 더 칭얼거리게 됩니다. 아기가 손을 탄다고 표현하지요.

아직 태어난 지 7일밖에 되지 않았다면 아기가 자면서 울 때 아기를 만지지 말고 말도 걸지 말고 방의 불도 켜지 말아야 합니다. 조용히 다가가서 혹시 잠자리가 불편하지 않은지, 기저귀가 많이 젖어 있지 않은지, 토한 것은 아닌지 살펴보고 말없이 천천히 움직이면서 해결해주세요. 아기를 자주 들어 올리지 말고 가능하면 어둠 속에서 조용히 돌봐야 합니다.

아기가 너무 크게 운다면 공갈젖꼭지를 물려주세요. 빠는 욕구가 충족되면 까탈스러운 기질의 아기도 쉽게 감정조절을 할 수 있습니다. 모유를 잘 빨기 전에는 공갈젖꼭지를 물리지 말라는 조언도 있습니다. 아기에 따라서 차이가 있지만 배가 고프지 않다면 밤중에 우는 경우에는 우선 공갈젖꼭지를 물려 스스로 감정을 조절할 수 있도록 돕는 것이 좋습니다.

목욕할 때 심하게 울어요

Q 태어난 지 한 달이 되었어요. 목욕시킬 때 몸에 물이 닿으면 자지러지게 울어요.

A 초보 부모가 아직 목을 가누지 못하는 갓난아기를 목욕시키는 일은 온몸에 힘이 들어갈 정도로 긴장되는 일입니다. 물속에 들어간 아기가 울면 양육자는 더 긴장해 손놀림이 둔해집니다. 목욕을 시키는 손길이 불안하면 아기가 더 불안해지게 됩니다.

숨을 깊게 쉬고 낮은 목소리로 아기에게 "괜찮아, 괜찮아. 금방 목욕이 끝나요" 하고 말하면서 일단 엄마의 마음을 가라앉혀보세요. 아기도 양육자의 안정적인 목소리를 들으면 덜 불안해합니다. 필요하다면 노래를 불러도 좋습니다. 목욕을 마친 후에도 계속해서 느리고 안정적인 목소리로 "괜찮아, 괜찮아. 금방 끝나요" 하고 말해주세요.

옆에서 목욕을 거드는 가족이 "빨리해, 아기가 울잖아. 왜 이렇게 느리니?" 하고 핀잔을 주면 초보 양육자는 더 불안해집니다. 아기가 크게 울수록 모든 가족이 흥분하지 않고 에너지를 평온하게 낮출 수 있도록 노력해야 합니다.

아기가 심하게 울어도 아기의 건강과 관련된 일이므로 목욕은 시켜야 합니다. 안정적인 에너지로 목욕을 시킨다면 아기는 점점 물에 적응하게 됩니다.

울지도 않고 눈도 안 맞춰요

- -

Q 3개월 된 아기인데 얼굴의 표정으로는 무슨 생각을 하는지 읽을 수가 없어요. 잘 울지도 않고 눈도 안 맞추는데 혹시 자폐스펙트럼장애는 아닌지 걱정됩니다.

A 아기가 얼굴의 표정이나 목소리로 감정을 알려줘야 양육자가 상태를 판단하기가 수월합니다. 너무 쉽게 스트레스받고 크게 우는 아기도 까탈스러운 아기지만 얼굴에 변화가 없고 울지도, 옹알이도 하지 않는 아기 역시 양육자 입장에서는 까탈스러운 아기입니다.

아직 생후 3개월이라면 자폐스펙트럼장애를 의심하기 전에 양육자가 다양한 얼굴의 표정과 목소리로 먼저 아기에게 다가가보세요. 젖을 먹인 후에는 "배가 불러요?" 하고 물으며 웃는 얼굴을 보여주고, 밝은 목소리를 들려주면 됩니다. 기저귀를 갈면서는 "아이고, 기저귀가 젖었네" 하고 부드러운 목소리를 들려주세요. 물론 아기가 미소와 옹알이로 바로 반응을 해주지 않으면 답답하지요. 그래도 지속적으로 먼저 다가가서 얼굴의 표정과 목소리로 자극해주면 좋습니다.

혹시 엄마나 아빠 쪽 가족 중에 표정이 없고 무뚝뚝한 유전인자를 가진 사람이 있는지 살펴보세요. 부모가 무뚝뚝하고 얼굴의 표정과 말이 없으면 부모의 유전인자를 물려받아 아기도 무뚝뚝할 수 있습니다.

6개월 이전에 울지 않고 눈도 안 맞춘다고 자폐스펙트럼장애를 의심하기 전에 순한 기질의 아기라고 생각하고 자주 상호작용해주면 됩니다.

주변에 잘 웃고 눈을 잘 맞추는 아기가 있으면 상대적으로 덜 웃고 눈 맞춤을 덜하는 아기를 자폐스펙트럼장애가 있다고 생각하는 경우가 많습니다.

안아주지 않으면 잠을 안 자요

Q 시험관 아기로 낳은 4개월 된 아기인데 재우려면 계속 안고 있어야 해요. 비슷한 시기에 아기를 낳은 친구는 2시간을 울렸더니 혼자서 잔다고 하는데 울려서라도 혼자 재워야 할까요?

A 생후 4개월 된 아기를 종일 안고 있어야 한다면, 아마도 타고나기를 까탈스러운 기질의 아기인데 태어났을 때부터 많이 안아줘서 손이 탔을 확률이 높습니다.

시험관 시술로 어렵게 가진 아기일수록 울 때 부모는 빨리 달려가서 안아주기 쉽습니다. 엄마가 안았을 때 아기는 엄마 뱃속에서 움츠리고 있던 자세와 비슷하다고 느끼고 엄마의 심장 소리가 자궁에서 들었던 엄마 맥박 소리와 같으므로 편안해합니다. 또한, 가슴에 안고 일어나서 걷거나 흔들어주면, 엄마 뱃속 양수의 흔들림과 같은 자극이 주어지므로 아기가 심리적으로 안정을 찾기 쉽습니다.

가능하면 안고 흔드는 자극을 주기보다는 흔들거리는 육아용품을 활용하기 바랍니다. 아기가 울 때 팔다리가 움직이지 않도록 천 기저귀로 싸서 몸이 둥그렇게 되는 캐리어에 눕히고 흔들면서 재워보세요. 천천히 부드럽게 흔들거리는 자극은 아기의 뇌에서 안정적으로 느껴져서 감정을 조절하는 데 도움을 줍니다.

공갈젖꼭지를 물려주는 것도 큰 도움이 됩니다. 아기가 혼자서 공갈젖꼭지를 물면서 안정을 찾아갈 수 있기 때문입니다. 아기가 심하게 보챈다면 캐리어를 흔들어주면서 귀에 "쉬~ 쉬~" 소리를 내주는 것도 좋습니다. "쉬~ 쉬~" 하는 소리는 엄마의 뱃속에서 듣던 소리이므로 아기를 안정시키는 데 도움이 됩니다. 캐리어에 앉혀서 흔들어 재우면 아기들 대부분은 부모와의 피부 접촉 없이도 흔들거리는 자극과 공갈젖꼭지로 잠이 들 수 있습니다. 물론 칭얼대다 잠깐 자고 다시 칭얼대기를 반복할 테지만 양육자가 안아 올리거나 말을 하지 않으면 시간이 지나면서 스스로 스트레스를 조절하며 잠들 수 있습니다.

악을 쓰며 울어요

Q 생후 4개월 된 아기가 분유 타는 시간도 못 참고 악을 쓰며 울어요.

A 아기가 태어났을 때부터 칭얼거리기만 하면 엄마가 빨리 다가갔을 확률이 높습니다. 생후 4개월이면 가족의 얼굴도 인지할 수 있고, 목소리로 가족인지 아닌지도 알 수 있습니다. 그동안 아기의 욕구를 빨리 해결해줬다면 지금부터는 조금 천천히 아기에게 다가가보세요.

아기 앞에서 분유를 타면서 안심시키는 표정을 짓고 "괜찮아, 기다리세요" 하는 말을 천천히 반복하면서 기다리는 연습을 시키면 됩니다. 아기는 이미 자신이 배가 고플 때 엄마가 분유를 준다는 사실을 잘 알고 신뢰합니다. 분유를 먹기까지 시간이 좀 더 걸린다고 해서 엄마에 대한 신뢰가 사라지지도 않고 형성된 애착관계가 무너지지도 않습니다. 분유를 다 타면 아기에게 다가가서 "잘 기다렸어요, 고마워요" 하고 말해주고 천천히 분유를 먹이세요.

엄하게 훈육해도 되나요?

Q 평상시에 가사와 육아를 잘 도와주는 유럽 태생 남편이 생후 5개월 된 아기가 울 때는 왜 엄한 얼굴로 대하는지 모르겠어요. 아기는 무서워서 울음을 멈추는데 이렇게 훈육을 해도 괜찮나요?

A 아기가 울 때 유럽의 부모들은 공감해주기보다 울 필요가 없다는 메시지를 보내기 위해서 굳은 얼굴을 보여주는 육아 태도를 갖고 있을 수 있습니다. 최근 화제가 된 프랑스 육아처럼 유럽에서는 아기 때부터 스스로 감정조절을 할 수 있

게 기회를 주려고 합니다. 아기 때부터 시작해야 커가면서 스스로 문제를 해결해 나갈 수 있는 어른으로 성장할 수 있다고 생각하기 때문입니다.

만약 남편이 평상시에 아기를 보고 웃어주지도 않고, 놀아주지도 않고, 목욕을 시켜주지도 않으면서 울 때마다 엄한 얼굴을 한다면 아기는 아빠를 신뢰하기 어렵습니다. 하지만 평소에 아기의 욕구를 해결해주고 즐겁게 놀아주면서 아기가 울 때만 엄한 얼굴로 쳐다본다면 괜찮습니다. 아기의 울음에 대해서 아빠가 좋게 생각하지 않는다는 메시지를 전달하려는 것이므로, 오히려 아기의 감정조절능력을 키울 기회를 제공하는 바람직한 〈아기훈육〉이 될 수 있습니다.

계속 놀아달라고 떼를 써요

Q 생후 5개월 된 아기가 혼자서 놀지 못하고 계속 놀아달라고 해서 힘들어요. 체력이 바닥나면 아기한테 짜증을 내게 되고 다음 달에 복직도 해야 하는데 걱정이에요.

A 아기 엄마가 지난 5개월 동안 아기가 칭얼댈 때마다 빨리 다가가서 아기의 욕구를 해결해줬을 가능성이 높습니다. 순한 기질의 아기는 부모가 과잉보호를 해도 감정조절능력이 크게 떨어지지 않습니다. 하지만 쉽게 스트레스를 받는 기질의 아기는 태어났을 때부터 부모가 빠르게 욕구를 해결해주면 생후 5개월이 지나면서 징징거림이 더 심해집니다.

생후 5개월이 되면 아기는 집이라는 환경에 이미 익숙해졌기 때문에 심심해합니다. 그래서 더 놀아달라고 엄마에게 요구합니다. 그렇게 되면 양육자는 체력적으로 매우 지치게 되고 자신도 모르게 짜증이 날 수 있습니다. 아기 입장에서는 지금까지 잘 놀아주고 불편함도 즉각 해결해주던 양육자가 갑자기 짜증을 낸다고 생각하므로 불안해져서 더 크게 울게 됩니다.

지금부터라도 아기가 칭얼대면 빨리 달려가지 말고 아기가 보이는 곳에서 "기다리세요. 이제 5개월이 되었잖아요. 기다리는 연습도 필요해요" 하고 안정적인 목소리로 말해주세요.

엄마가 피곤한 경우 엄마의 목소리에 짜증이 담기지 않도록 주의해주세요. 만약 심심해서 놀아달라고 칭얼대는 경우라면 새로운 자극이 많은 집 밖으로 아기를 데리고 나가기 바랍니다.

젖을 자꾸 물어요

Q 생후 6개월 된 아기가 자꾸 젖을 물어요. 아기가 울면 한 대 때려서라도 안 된다고 알려줘야 한다고 말하는 사람도 있고, 아직 어려서 아무것도 모르니 참으라는 사람도 있는데 뭐가 맞나요?

A 이 시기 아기는 치아가 나려고 해서 잇몸이 근질근질할 수 있어요. 그러다 보면 수유할 때 엄마의 젖꼭지를 물 수 있습니다. 생후 6개월 된 아기가 엄마를 아프게 하겠다는 의도 없이 물었더라도 엄마가 아프다는 신호를 줘야 합니다. 아기가 젖꼭지를 물 때 표정을 단호하게 하고 "아파요" 하고 말하면서 젖을 아기의 입에서 2초 동안이라도 빼는 것이 가장 좋은 방법입니다.

이런 반응을 반복적으로 나타내면 아기는 엄마의 젖을 물었을 때 더 이상 젖을 빨 수 없다는 사실을 경험하면서 의식적으로 젖을 덜 물게 됩니다. 만약 이때 "아이, 아파" 하고 말하면서 아기가 놀랐을까 봐 염려되어 미소를 지으면 아기는 엄마의 반응을 놀이로 생각할 수 있습니다. 반대로 아기를 가르치려는 목적으로 아기를 한 대 때리면 아기 입장에서는 분노의 감정이 생겨서 젖을 더 세게 물 수도 있습니다. 그럼 아기를 더 세게 때리거나 더 큰 소리로 야단을 치는 악순환이 발생하므로 주의하세요.

〈아기훈육〉은
아기와 부모가 바람직한 관계를 쌓는 일

아기를 어떻게 키우는 게 잘 키우는 것인지, 〈아기훈육〉은 어떻게 해야 하는 것인지에 대해서 초보 부모는 잘 알 수가 없습니다.

"누가 뭐래도 아기는 세 살까지 아기 엄마가 키워야 해."

"세 돌까지는 아기에게 안 된다고 말하지 마라. 어린애가 뭘 안다고 불쌍하지도 않니?"

"저렇게 끼고 도니까 애가 손이 타서 수줍음이 많은 거야."

"너무 심하게 혼을 내면 아기가 주눅이 들어서 자존감이 낮아지지 않니?"

초보 부모가 이런 말들을 접하면 〈아기훈육〉은 마치 아기 학대로 여겨져서 훈육을 시도할 엄두를 낼 수가 없습니다.

수많은 육아서적과 육아 전문가, 맘 커뮤니티도 매일 〈아기훈육〉에 대한 다양한 의견을 내놓습니다. 때로는 상반되는 해결책을 제시하기도 합니다. 아기와 대화로 문제를 해결하는 게 좋다고 말하기도 하고, 약간의 체벌은 허용할 수 있다고 말하기도 합니다.

초보 부모는 육아에 대해 공부를 하면 할수록 점점 혼란에 빠지게 됩니다. 육아의 방향을 잡지 못하면 더욱 불안해지고 불안함을 낮추기 위해 더 많은 정보와 책을 찾게 되면서 또다시 더 큰 불안으로 이어집니다. 육아 정보를 많이 접할수록 훈육은 훈육대로 실패하고, 양육자의 몸과 마음은 더 힘들어질 수 있습니다.

육아 전문가들이 설명하는 훈육은 대부분 말을 이해하는 아기들이 대상일 때가 많습니다. 〈아기훈육〉은 아직 조건부 말을 이해하지 못하는 시기의 훈육이므로 말을 이해하는 훈육과는 그 방법에서 크게 차이가 납니다.

육아도 결국 관계의 문제입니다. 〈아기훈육〉을 '아기와 부모가 바람직한 관계를 쌓는 일'이라고 생각해보시기 바랍니다. 부모의 사랑이 아기가 울면 급하게 달려가서 안아주는 것으로만 표현되는 것이 아님을 아기가 알게 해야 합니다. 젖도 주고, 기저귀도 갈아주고, 심심할 때 놀아도 주지만 경우에 따라서는 15초의 시간은 기다릴 수 있어야 한다는 사실을 아기에게 알려주는 것이 〈아기훈육〉입니다.

친구 같은 부모가
되고 싶어요

출산을 앞둔 예비 부모나 어린 자녀를 둔 부모들에게 어떤 부모가 되고 싶냐고 물으면 "친구 같은 부모가 되고 싶어요!"라고 대답합니다. 예전 부모들처럼 경직되고 엄한 게 아니라 아이가 친근하게 느끼고 힘들어할 때 고민도 들어줄 수 있는 편안한 대화 상대가 되어주고 싶다는 바람일 겁니다.

과거 아기의 뇌가 백지상태로 태어난다고 믿었던 시절에는 아기를 부모가 하나하나 알려주고 가르쳐야 하는 대상으로 생각했습니다. 그러다 보니 부모는 매우 권위적인 위치에 있게 되었고 간혹 기질이나 발달 수준을 고려하지 않은 채 아기를 대하면서 아동학대로 이어지는 안타까운 일들이 발생하기도 했습니다.

그 후 아기를 배려하는 아기 중심적인 양육 태도가 필요하다고 생각되어 미국을 중심으로 '친구 같은 부모 되기' 바람이 불었습니다. 하지만 시간이 지나면서 아기 중심의 양육 태도로 키워진 아기가 자기중심적인 성향으로 성장할 수 있음을 경험하게 됐습니다. 학교에 다니기 시작하면서 힘든 일이 있을 때 참지 못하고 욱하며 공격적으로 감정을 표출하는 사례가 늘어난 것입니다.

우리나라는 오랜 시간 동안 자녀의 성공을 위해서 강압적인 태도로 아기를 키웠던 경우가 많았습니다. 애정표현 없는 강압적인 부모 밑에서 성장한 자녀들이 부모가 된 후에는 자신들이 부모에게서 받은 상처를 내 자녀에게 대물림하고 싶지 않다는 욕구가 강해지면서 '친구 같은 부모'를 이상적인 부모로 여기게 됐습니다.

'친구 같은 부모가 된다는 것', '아기를 존중해준다는 것'은 정말 좋은 생각입니다. 하지만 친구 같은 부모가 되기 위한 노력이 아기에게 스트레스를 주지 않으려고 과잉보호를 하는 부모로 왜곡되면 안 됩니다. 아기가 커서도 부모와 친구처럼 지내려면 아기 때부터 부모의 입장을 이야기해주고 배려할 수 있게 키워야 합니다. 즉, 부모를 의식할 수 있는 건강한 눈치를 만들 수 있게 해야 합니다. 가장 가까이 있는 부모부터 배려해야 한다는 사실을 알게 하는 일이 신생아 시기부터 시작되어야 하는 〈아기훈육〉입니다.

만일 지금 바로 〈아기훈육〉을 시작하지 않는다면 자녀는 커가면서 스트레스가 생길 때마다 부모에게 의존할 수도 있습니다. 부모가 자신의 스트레스를 빨리빨리 해결해주지 않을 때 부모에게 소리를 지르고 화를 내는 아이로 자랄 수도 있습니다.

생후 6개월 이전에는 '15초 기다리게 하기'만으로도 훌륭한 〈아기훈육〉을 시작할 수 있습니다.

유대인에게 배우는
부모와 자식과의 관계

전 세계적으로 유대인들의 자녀교육에 대한 관심이 매우 높습니다. 그
들의 특별한 자녀교육법이 유대인들의 성공에 영향을 미친다고 생각해
서입니다. 이스라엘에서 공부하고 일했던 경험이 있는 필자는 덕분에
그들의 자녀교육법을 엿볼 기회가 많았습니다. 유대인들에게 부모는 어
떤 존재일까요?

유대인들에게 부모는 친구 같은 존재이기보다는 미숙한 아기에게 삶
의 방향을 제시하는 절대적인 존재여야 합니다. 유대인들은 기본적으로
그들이 믿는 《토라Torah》에서 제시하는 육아법을 따릅니다.

유대교에서 아기는 신이 내려주신 선물입니다. 신이 선물로 주신 아
기이므로 신이 기뻐하는 사람으로 양육해야 할 책임이 있다고 생각합니
다. 그래서 부모는 살아가면서 늘 아기에게 본本이 되는 행동을 해야 한
다고 믿습니다. 어떤 행동이 신이 기뻐하시는 행동인지는 부모가 잘 알
고 있으므로, 부모를 통해서 아기에게 보여줘야 한다고 생각하는 것입
니다. 따라서 유대인들에게 부모와 아기는 평등한 존재가 아닙니다. 부
모는 친구 같은 존재도 아닙니다. 아기를 이끌어줘야 하는 책임이 있는
존재입니다.

오랜 세월 그 믿음을 고수하면서 일관된 태도로 육아를 해왔기에 그들의 육아법이 현대에도 주목을 받는 것입니다. 유대인들의 경전에는 아기를 어떻게 훈육해야 하는지도 상세히 적혀 있습니다.

　　단, 부모가 아기에게 방향을 제시하고 경전에 따라 양육을 한다고 해서 권위적이고 엄격하기만 한 육아법을 고수할 거라고 오해해서는 안 됩니다. 아기의 수준에 맞지 않고, 굳이 아기가 하지 않아도 되는 사사로운 심부름은 시키지 말라는 내용도 적혀 있다고 합니다. 만일 부모가 아기를 이끌 수 있는 능력이 없다면 사회의 시스템이 부모의 역할을 대신해줍니다.

　　필자는 이스라엘에서 공무원으로 일하면서 부족한 부모의 역할을 어떻게 사회의 시스템이 받쳐주는가를 경험했습니다. 여러 시스템 중에서도 아기를 돌보는 어린이집의 교사들이 문제행동을 하는 아기에 대한 지도를 받을 수 있도록 하는 '어린이집 교사 멘토링제도'는 빨리 우리나라에도 도입돼야 하는 제도입니다.

　　부모도 최선을 다해야 하지만 이스라엘처럼 사회의 시스템이 아기들을 잘 교육할 수 있게 만들도록 같이 노력해야 합니다.

젖을 달라고 우는 아기를
스트레스 상황에서 잠깐 기다리게 하는 것은
아기를 천천히 수유 쿠션에 앉히는 시간이거나
부엌에서 분유를 준비하는 잠깐의 시간이어야 합니다.

일부러 젖을 늦게 먹이거나
뜨겁지 않게 분유가 준비됐는데도
오랜 시간 아기를 기다리게 한다면
〈아기훈육〉이 아닙니다.

생후 7개월은 뒤집기나 배밀이를 시작하는 시기입니다. 그리고 늦어도 생후 16개월
까지는 아기들 대부분이 혼자서 걷기 시작합니다.
아기의 자기중심성은 운동성이 좋아지면서 더 커지기 때문에 이 시기에 아기들은
매우 자기중심적인 태도를 보이기 시작합니다. 물건을 던지기도 하고, 약하다고 생
각하면 때리기도 하고, 못 들은 척하면서 도망가기 시작하는 시기입니다.
생후 12개월 전후의 아기들은 몇몇 단어뿐만 아니라 간단한 문장도 이해하기 시작
하므로 간단한 말을 활용해서 〈아기훈육〉을 할 수 있습니다.
이 시기의 아기를 대할 때도 꼭 천천히 숨 쉬고, 천천히 다가가고, 천천히 움직여야
합니다.

2장

생후 7~16개월
〈아기훈육〉

생후 7~16개월
아기의 발달 특성

●
▲
■
◆

아기의 시각 및 청각 인지발달 특성

아기는 생후 7개월 이후가 되면 시각적으로 사람의 얼굴을 정확하게 분별할 수 있습니다. 목소리 톤과 발음도 정확하게 분별할 수 있습니다. 그래서 엄마의 표정과 목소리 톤을 〈아기훈육〉을 위해 적절히 변형시켜서 활용할 수 있습니다.

이 시기의 아기는 딸랑이 같은 부드러운 소리보다는 약간 톤이 높은 소리에 더 관심을 둘 수 있습니다. 새로운 색깔과 모양의 물건이나 처음 들어보는 소리에 관심을 가질 수 있으므로 〈아기훈육〉을 시도하기 전에 스트레스 상황에 있는 아기의 관심을 돌리기 위해 다양한 물건과 소리를 먼저 활

▶ 다양한 소리가 나는 장난감을 준비해주세요.

용합니다.

아기의 언어이해력

생후 12개월 전후의 아기에게 "엄마", "아빠", "할머니"라고 반복해서 말해주면 그 의미를 이해하기 시작합니다.

빠이빠이, 까꿍 등의 놀이를 반복적으로 해주거나 양팔을 앞으로 내밀면서 "주세요"라고 말하거나 손바닥을 보이면서 "기다리세요" 등의 말을 반복적으로 해주면 말과 동작을 연결해 이해할 수 있습니다.

"곰돌이", "음메"라고 장난감의 이름을 알려주면 아기가 가장 좋아하는 장난감의 이름도 인지하기 시작합니다. "맘마", "물"이라고 말할 때 무슨 말인지 이해할 수도 있습니다. "앉아", "먹자", "일어나", "가자", "안 돼" 등의 간단한 말뜻도 이해합니다.

"
안 돼. 기다려.
"

아기가 위험한 행동을 할 때 "안 돼", "기다려" 등의 말을 하면서 손짓도 활용한다면 훌륭한 〈아기훈육〉이 될 수 있습니다.

아기의 언어표현력

이 시기의 아기는 기분이 좋을 때 "옹알옹알" 하며 옹알이를 하거나 갑자기 "악!" 하고 소리를 지르면서 감정을 표현하기도 합니다. "마마", "다다", "파파" 등의 말이 우연히 나오기도 합니다. 말이 빨리 트이는 아기의 경우 "엄마", "맘마" 등의 한 마디 정도 말을 할 수도 있습니다.

언어표현력은 아기 입술 주변의 운동발달이 결정하므로 〈아기훈육〉을 결정할 때 중요한 요인으로 작용하지는 않습니다.

아기의 친밀도

기질적으로 친밀도가 낮은 아기는 낯가림이 심해지면서 낯선 사람만 보면 크게 울 수 있습니다. 친밀도가 높은 아기는 오히려 낯선 사람을 반기고 안기려고 할 수도 있습니다.

아기가 주 양육자인 엄마보다 이웃사촌인 다른 아기 엄마를 더 반긴다고 해서 엄마와의 신뢰와 애착에 문제가 있다고 오해할 필요는 없습니다. 타고난 아기의 친밀도에 따라서 아기는 낯선 사람에게 더 관심을 보일 수도 있습니다.

기질적으로 아직 낯선 사람을 경계한다면 일부러 낯선 사람에게 아기를 안기려고 하지 않는 것이 좋습니다. 낯설어서 우는 아기에게는 바로 〈아기

150

"
이 사람 누군지 몰라도
마음에 들어요.
"

훈육〉을 적용하지 않습니다. 조부모님을 낯설어한다면 아기가 좋아하는 장
난감을 조부모님 옆에 둬서 최소한 20분에서 2시간 정도는 아기가 낯선 조
부모님을 관찰하면서 스스로 신뢰를 쌓을 수 있게 해줘야 합니다. 〈아기훈
육〉은 이미 안정적인 애착이 형성된 엄마가 행해야 합니다. 어쩌다 한번 얼
굴을 보는 사람이 할 수는 없습니다.

이 시기에는 엄마의 표정, 목소리의 변화, 몸놀림의 변화로 아기에게 메
시지를 전하려는 〈아기훈육〉이 적극적으로 시작되어야 합니다.

아기의 흥미도

배밀이나 네 발 기기로 자기 몸을 이동시킬 수 있으므로 흥미도가 높은 아
기는 집안 곳곳을 뒤지기 시작합니다. 아기에게 위험한 물건들은 미리미

리 치워놓아야 합니다. 하지만 순간적으로 아기가 위험한 물건에 손을 대면 〈아기훈육〉이 필요합니다. 깜짝 놀라는 자극을 주기 위해 소리를 지르기보다는 아기를 안아서 유아안전문 안으로 넣기 바랍니다.

흥미도가 높은 아기가 다가가면 안 되는 집안의 위험한 곳은 유아안전문을 설치해서 안전한 환경을 만드는 일이 우선입니다.

아기의 큰 근육 운동발달

생후 7~16개월은 기기부터 시작해서 걷기까지 혼자서 자기 몸을 움직일 수 있는 시기입니다. 주변에 흥미가 많은 아기일수록 호기심을 충족하기 위해 더 많이 몸을 움직입니다. 특히 아기가 원하는 곳을 향해 돌진할 때는 엄마가 하는 말을 잘 인지하지 못하므로 엄마는 아기가 말을 듣지 않는다고 느끼게 됩니다.

아기가 온몸에 힘을 주면서 버티면 아기의 움직임을 제지하기 힘들게 되고 아기는 자기가 엄마보다 힘이 더 세다고 생각하게 됩니다. 아기를 적극적으로 훈육해야 할지 말아야 할지 부부간, 가족 간에 의견이 분분해지는 시기입니다.

큰 근육 운동발달이 좋아지면서 자신감을 가진 아기는 몸을 빨리 움직이면 엄마의 제지를 피할 수 있다고 생각합니다. 엄마가 몸을 구속하면 크게 울거나 등에 힘을 줘 벗어나려고 합니다.

아기가 등에 힘을 주면 무겁게 느껴지고 힘들어지므로 체력이 약하거나 허리가 아픈 엄마는 아기를 이길 수가 없습니다. 아기가 소리를 지르면서 온몸에 힘을 주면 엄마는 아기를 들어 올리려다가 힘에 부쳐서 욱하는 마음에 감정적으로 화를 내기도 하는 시기입니다.

　가능하면 아기가 여기저기 다니면서 다치지 않도록 물건을 치워놓거나 유아안전문을 설치해야 합니다. 아기가 바닥에 머리를 박거나 물건을 던질 때는 다가가서 관심을 주기보다는 앞에서 소개한 '거리 두기' 아기훈육법을 실행하면 됩니다.

＂

내가 하고 싶은 대로 못 하게 하면
머리를 박아버릴 거야!

＂

　속상한 아기의 마음은 이해하지만 그 반응이 자해나 타인에 대한 공격으로 표현될 때는 〈아기훈육〉이 꼭 필요합니다. 이 시기에는 꼭 아기의 안전과 〈아기훈육〉을 위해 유아안전문을 설치해야 한다고 다시 강조해도 지나치지 않습니다.

아기의 작은 근육 운동발달

생후 7개월 이후가 되면 아기는 앉은 자세에서 두 팔을 자유롭게 움직일 수 있습니다. 스스로 우유병을 잡을 수 있고, 우유병이나 장난감을 의도적으로 바닥에 던질 수도 있습니다.

자신이 무언가를 던졌을 때 소리가 나거나 깨지는 결과에 재미를 느끼면 손에 닿는 물건을 반복적으로 던집니다. 스트레스 상황에서도 앞에 있는 물건을 던지면서 화를 표현하기도 합니다. 간단한 말을 이해할 수는 있지만 스트레스 상황에서 "던지면 깨지잖아"라는 말로 하는 교육적인 훈육은 이 시기의 아기에게는 아직 효율적이지 못합니다.

팔의 힘을 이용해서 던지고 때리는 등의 행동을 하면 앞에서 말한 '거리두기' 아기훈육법과 유아안전문 설치를 권합니다.

생후 7~16개월 아기의 스트레스 행동에 따른 부모의 느낌과 반응

아기의 스트레스 행동

아기가 몸을 움직일 수 있으면 스트레스 상황에서는 더욱 자기중심적이 되어 크게 소리를 지르거나 물건을 던지는 등 심하게 반응하기도 합니다. 생후 7~16개월 아기는 스트레스 상황에서 다음과 같이 행동합니다.

- **울기:** 입을 삐쭉거리며 운다, 눈을 감고 응응거리며 운다, 허리를 뒤로 젖히고 상체에 힘을 주고 운다, 안아줄 때까지 악을 쓰며 운다 등
- **소리 지르기:** 심심할 때 안 놀아주면 소리를 지른다, 자기 마음대로 하지 못하게 하면 "악" 하고 소리를 지른다, 분노에 차서 뭐라고 중얼거린다 등
- **던지기:** 장난감이나 물건을 손을 저어 내친다, 팔을 좌우로 흔들며 손사래를 친다, 수저를 바닥으로 던진다 등
- **자해하기:** 손으로 자기 머리를 툭 치거나 할퀸다, 머리를 바닥에 박는다, 고개를 바닥에 박고 좌우로 흔든다, 아기 식탁에 코를 박는다, 귀를 잡아 뜯는다, 자신의 옆머리나 뒷머리를 잡아 뜯는다 등
- **상대방 때리기:** 양육자의 얼굴을 꼬집고, 머리카락을 잡아당기고, 깨문다 등
- **식습관:** 밥을 거부하거나 "퉤" 하고 뱉는다, 밥을 허겁지겁 먹는다 등

155

엄마의 느낌과 반응

스트레스 상황에서 자기 뜻을 관철하기 위해 아기의 몸부림이 강해질수록 양육자의 불안도 함께 증가합니다. 이 시기의 아기가 스트레스 행동을 보일 때 엄마는 다음과 같이 느끼고 반응합니다.

- 우리 아기만 소리 지르는 것 같아 이상한 게 아닌가 걱정된다.
- 아기가 왜 스트레스를 받는지 파악이 잘되지 않으면 마음이 조급해지고, 왜 그러냐고 물어본다.
- 아기의 행동이 이상행동일까 봐 두렵다.
- 엄마로서 아기가 원하는 게 뭔지 알아주지 못하는 것 같아 미안하다.
- 엄마 자격이 없는 건가, 엄마 역할을 제대로 못 해주고 있는 건가 하는 자괴감이 든다.
- 내가 너무 아기를 방치한 것 같아 아기가 너무 불쌍하게 생각된다. 필요해 보이는 것을 얼른 해준다.
- "그러는 거 아니야"라고 얘기한다.
- 아기의 버릇을 고치려고 두 번 정도 아기가 울어도 꽤 오랫동안 내버려둔 적이 있다. 그러나 계속 우는 아기를 이기지 못하고 결국 안아준다.
- 아직은 어리다는 생각에 안아서 달래준다. 하지만 가끔 나도 모르게 그만 좀 하라고 소리친다.
- 아기가 짜증 내는 이유를 알 때도 있고 모를 때도 있다. 그럴 때마다 그냥 안아준다.

엄마들 대부분은 아기가 스트레스 반응을 보이면 마음 아파하고, 아기가 왜 스트레스받는지 알지 못하는 자신을 탓합니다. 엄마라면 당연히 아기가 왜 우는지 그 원인을 잘 알고 있어야 한다고 생각하기 때문입니다.

아기가 심하게 울거나 떼를 쓸 때 차분한 마음을 갖고 지켜보는 엄마도 있지만, 아기가 받을 스트레스로 인해 애착에 문제가 생길까 봐 불안한 마음에 〈아기훈육〉을 포기하기도 합니다.

아빠의 느낌과 반응

아기가 스트레스 행동을 보일 때 아빠는 다음과 같이 느끼고 반응합니다.

- 아기가 버릇이 없다는 생각이 들면서도 원래 그러는 건지 헷갈려서 적절한 행동을 못 한다. 그러다 보니 답답하다.
- 어디 아픈 게 아닌지 살펴본다. 정신적인 문제가 있을까 불안하다.
- 공감하고 달래준다. 그러지 말라고 타이르고 달래준다.
- 정확하게 무엇 때문에 스트레스를 받는지 알지 못해서 답답하다.
- 힘들지만 아기를 위해서 담담하게 행동한다.
- 최대한 원인을 파악하려고 노력한다. 울음을 그치게 하기 위해서 안아준다.
- 아기의 울음을 웃음으로 바꾸는 방법이 있었으면 좋겠다고 생각한다.
- 아기를 놓아주고 내버려둔다. 잠시 후 다른 것으로 아기의 관심을 유도한다.
- 우는 게 끝나기를 바라는 마음이 크며 울 때마다 바로 안아준다.
- 아기에게 큰소리로 야단친다.

아기가 스트레스 행동을 보일 때 엄마들은 자괴감을 느끼는 경우가 많은 반면, 아빠들은 스트레스의 원인을 알지 못해서 답답해하지만 원인을 모른다는 이유로 미안해하거나 죄책감을 느끼지는 않습니다. 대부분 스트레스 상황을 종료시키기 위해서 노력하며 아기를 달래거나 안아줍니다.

이렇게 부부가 아기의 스트레스 행동에 대한 느낌과 반응이 다를 수 있다는 사실을 이해하는 일은 중요합니다. 육아와 훈육은 엄마, 아빠 중 한 사람만의 의무는 아닙니다. 아기와 엄마, 아빠가 서로를 이해하고 함께해 나가야 합니다.

생후 7~16개월
〈아기훈육〉에 성공하려면

●
▲
■
◆

생후 6개월까지는 아기가 많이 무겁지 않으므로 아기를 들어 올리기가 어렵지 않을 수 있습니다. 엄마가 몸의 컨디션이 좋고 그리 아프지 않다면 아기에게 화를 덜 낼 수도 있습니다.

점점 아기의 몸이 무거워지고 큰 근육 운동발달이 빠른 속도로 진행하면 엄마는 하루 종일 아기와 씨름하면서 몸이 쑤시고 아플 수 있습니다. 그러면 몸이 힘들어지니 짜증이 늘고 안정적인 애착을 위해서 계속 아기에게 공감해줘야 할지, 〈아기훈육〉을 지속해야 할지 혼란이 일어나는 시기입니다.

애착과 〈아기훈육〉도 엄마의 건강이 우선이에요

엄마가 신체적으로 건강해야 일관된 육아 태도를 유지할 수 있고, 그래야 안정적인 애착관계는 물론 〈아기훈육〉에도 성공할 수 있습니다. 엄마와의 안정적인 애착관계를 위해서는 엄마의 건강과 일관적인 양육 태도가 함께 필요합니다.

아기가 부모를 배려할 때는 크게 칭찬해주고, 심하게 울고 화를 낼 때는 거리 두기와 무반응 등을 일관적으로 행하면 아기와 안정적인 애착을 형성하는 데 큰 도움이 됩니다. 이 훈육법은 아기의 떼를 엄마가 무관심하게 견디내야 하는 상황을 여러 차례 반복해야 하기 때문에 엄마가 신체적으로 건강하지 않으면 훈육을 포기하게 될 경우가 생깁니다. 그래서 반드시 엄마의 건강을 우선해서 챙기셔야 합니다.

〈아기훈육〉 전에 아기의 관심을 돌려보세요

아기가 위험한 물건 등에 관심을 가져서 급하게 훈육을 해야 한다면 현재 아기가 관심을 보이는 것보다 더 크게 흥미를 느낄 수 있는 것으로 아기의 관심을 돌려보세요. 굳이 아기에게 안 된다고 말하거나 울리지 않고도 아기의 행동을 수정할 수 있습니다. 새로운 물건, 특히 특이한 소리가 나는 물건이나 장난감이 이 시기 아기의 관심을 끌 수 있습니다.

간단한 단어나 동작 관련 말을 이해하는 시기이므로 아기가 좋아하는 간식의 이름을 말하며 아기의 관심을 위험한 상황에서 돌릴 수도 있습니다.

생후 7~16개월
아기훈육법

●
▲
■
◆

점점 자기 고집이 세지는 아기를 다루기 힘들어지는 시기입니다. 유아안전
문 활용이 가장 효과적인 시기입니다.

유아안전문 활용하기

안 된다는 메시지를 전하기 위해서 아기를 안아 다른 장소로 옮겨도 이 시
기 아기들은 몸이 자유로워 금방 자신이 원하는 장소로 기어가거나 걸어갑
니다. 따라서 아기가 위험한 장소나 남들에게 피해를 줄 장소로 접근하지
못하도록 미리 조치를 취해야 합니다. 이때 유아안전문이 유용합니다.

　　아기가 접근하면 안 되는 현관, 부엌, 화장실 등에 유아안전문을 설치하
세요. 〈아기훈육〉이 한결 쉬워집니다.

아프다는 메시지 전하기

간혹 아기가 심하게 떼를 부리는 바람에 엄마는 지치고 감정적으로 화까지
나 안방으로 들어가 침대에 눕기도 합니다. 이때 엄마가 안방 문을 닫으면

아기는 심한 불안을 느낍니다.

안방 문에 유아안전문을 설치했다면 아기의 행동공간이 분리되고 아기가 침대에 누워 있는 엄마를 바라볼 수 있어서 심한 불안감은 느끼지 않게 됩니다. 엄마가 아파서 쉬는 모습을 아기가 볼 수 있도록 유아안전문을 활용하세요.

거리 두기, 무반응

아기가 아주 심하게 화를 내면 아기에게서 멀어지거나 엄마가 유아안전문 안으로 들어온 후에 아기와 눈을 맞추지 않고 울음소리도 들리지 않는다는 듯 바쁘게 집안일을 하는 등의 '무반응' 아기훈육법을 적용할 수도 있습니다.

만일 아기가 화를 내지 않았지만 부득이하게 아기의 안전을 위해서 유아안전문을 활용했다면 꼭 "미안해" 하고 말해줘야 합니다.

"미안해, 지금은 이유식을 만들고 있어서 네가 부엌에 들어오면 안 돼서 그래. 빨리 만들어서 나갈게. 미안해", "엄마가 화장실이 급해요. 미안해요. 들어오지 말고 기다려주세요. 미안해요" 등 아기에게 양해를 구하는 말투로 이야기해주면 아기가 덜 불안해하고 화도 덜 낼 수 있습니다.

생후 7~16개월 〈아기훈육〉 Q&A

기저귀를 갈 때마다 전쟁이에요

Q 생후 7개월 된 아기가 벌써 혼자서 기어다닙니다. 그런데 기저귀만 갈려고 하면 허리에 힘을 주고 엎어져요. 힘이 얼마나 센지 기저귀 갈기가 어려워요.

A 타고난 기질이 여기저기 탐색하기를 좋아하는 아기라면 기저귀를 가는 그 짧은 시간에도 누워 있는 것을 거부할 수 있습니다. 기저귀를 갈기 위해 다리를 잡는 일이 자기 행동을 구속하는 일이 되므로 강하게 거부합니다.

'기어다닌다'는 아기의 운동성이 다리까지 조절할 수 있게 됐다는 것입니다. 아기는 자신감이 생겨서 자기가 원하는 대로 몸에 힘을 주려고 합니다.

기저귀를 가는 일은 아기의 위생과 건강을 위한 것이므로 기저귀를 가는 동안에는 움직이지 말아야 한다는 메시지를 확실하게 전해줘야 합니다. 양육자에게 아기의 몸이 움직이지 않도록 고정하는 힘이 있어야 합니다. 생후 7개월 된 아기에게 "가만히 있어", "움직이면 안 돼" 하는 말로 협조를 기대하기는 어렵습니다. "미안해, 미안해. 금방 끝낼게"라고 말하면서 아기의 팔다리에 압력을 가해 움직이지 못하게 하고 기저귀를 갈아주세요.

생후 7개월에 기저귀를 갈 때 이렇게 몸에 힘을 주는 기질의 아기들은 걷고 뛰게 되면서 더 자기중심적인 태도를 보일 수도 있습니다. 유아안전문도 꼭 설치하세요.

분유를 먹을 때 산만해요

Q 생후 8개월 된 아기가 젖병을 물리면 밀어버리거나 젖꼭지를 입에 물고 뒤로 고개를 홀러덩 넘기며 짜증을 냅니다. 적게 먹는 건 아닌데 분유를 먹일 때 아기가 너무 산만해요.

A 생후 8개월 된 아기가 분유를 많이 먹으면서도 계속 얼굴을 움직인다면 젖꼭지를 빠는 속도와 분유를 삼키는 속도가 잘 조절되지 않아서일 수 있습니다. 그리고 젖병을 뱉어내거나 고개를 뒤로 젖히는 동작은 입안에 가득 찬 분유의 양을 조절하기 위해서일 수 있습니다.

아기가 고개를 젖히면 분유를 억지로 먹이지 말아야 합니다. 잠시 젖병을 입에서 뺐다가 아기의 자세가 안정되면 다시 먹여야 합니다. 젖병을 밀어버리거나 고개를 넘긴다는 것은 '엄마, 지금 먹기 싫어요', '지금 삼킬 수가 없어요' 등의 의사표현을 하는 것으로 받아들여줘야 좋습니다.

젖이나 분유를 잘 먹지 않는 아기에게 분유를 잘 먹도록 〈아기훈육〉을 적용하지는 않습니다. 분유를 잘 먹지 못하는 원인은 대부분 호흡이 어렵기 때문입니다.

친정어머니와 훈육방식이 달라요

Q 8개월 아기를 둔 직장맘입니다. 친정어머니가 아기를 봐주시는데 규칙적인 생활이나 규범을 전혀 가르치지 않으세요. 규칙적인 일상을 통해 아기에게 안정감을 주고 싶은데 걱정이에요.

A 우리나라에서는 전통적으로 엄마들이 아기를 업고 집안일을 했고 아기가 울 때 모유를 먹이는 식으로 양육을 했습니다. 그래서 조부모들이 이와 같은 방식으로 양육하면 육아를 전적으로 의지해야 하는 직장맘들에게는 걱정이 될 수도 있습니다.

친정어머니의 마음은 오직 아기에게 사랑만 주고 싶은 마음일 수 있습니다. 좀 더 성숙한 사랑의 표현은 아기의 감정조절능력을 키워주는 일이지만 마음이 약한 조부모는 이를 실행하기 어려우실 수 있습니다.

아직은 생후 8개월이므로 유아안전문을 활용하시는 정도는 어떨까 싶습니다. 그리고 아기가 정상 발달을 하고 있다면 친정어머니 방법대로 육아하시게 내버려두라고 권하고 싶습니다.

친정어머니에게 잔소리는 하지 마세요. 나이가 들면 새로운 육아방식을 받아들이기가 매우 힘들기 때문입니다. 항상 감사하다는 표현만 해주시면 좋겠습니다.

엄마와 아빠가 돌보는 시간에만 아기 엄마가 생각하는 〈아기훈육〉을 적용해보시기 바랍니다. 아니면 어린이집을 일찍 보내서 자연스럽게 〈아기훈육〉 환경에서 생활하게 하는 것도 좋습니다.

울지도 보채지도 않아 오히려 걱정이에요

Q 9개월 된 아기가 너무 순해서 보채거나 울지를 않습니다. 잘 기어다니고 혼자 앉아 장난감도 가지고 잘 놉니다. 그런데 아기가 어떻게 전혀 울지 않고 보채지도 않을 수 있을까요?

A 쉽게 스트레스받지 않고 스트레스를 받아도 스스로 관심을 다른 곳으로 돌리면서 감정을 조절할 수 있는 기질의 아기를 '순한 기질의 아기'라고 말합니다. 순한 기질의 아기는 스스로 자기 몸을 이동시킬 수 있는 운동능력이 생기면 스스로 주변을 탐구하면서 스트레스를 이겨내므로 기기 전보다 더 순한 행동을 보일 수 있습니다.

아기가 심심해하지 않도록 여기저기 데리고 다니세요. 혹은 집에 손님이 방문하도록 해서 새로운 시각자극과 청각자극을 접할 수 있게 해주면 아기의 즐거움이 더 커질 것입니다.

혼자서 잘 논다고 양육자가 계속 집안일만 하면 아기는 새로운 자극을 접할 수가 없습니다. 혼자서 잘 논다고 혼자 놀게 하면 아기가 무료해서 잠을 자버리기도 합니다. 일대일로 놀아주지는 않아도 새로운 사람들이나 새로운 상황을 관찰할 기회는 제공해줘야 합니다.

순한 아기가 태어났으니 괜히 걱정은 하지 마시고 육아를 즐겨보세요.

다른 사람의 얼굴을 자꾸 할퀴어요

Q 양손을 잡아주면 조금씩 걸음마를 떼는 10개월 된 아기입니다. 그런데 할머니나 친척 어르신들이 아기를 안으면 머리카락을 잡아당기

고 자꾸 얼굴을 할큅니다. 야단을 쳐도 소용이 없어요.

(A) 생후 10개월이면 손으로 물건을 잡고 조작할 수 있는 나이입니다. 10개월까지 스킨십을 많이 해주고 애정을 갖고 대했어도 아기가 타고난 기질 때문에 자기도 모르게 양육자의 머리카락을 잡아당기거나 얼굴을 할퀼 수 있습니다.

아기가 의도적으로 공격한 것이 아니므로 크게 야단을 칠 필요는 없습니다. 대신 '안 돼요', '싫어요', '용납하지 않겠어요' 하는 메시지를 얼굴의 표정이나 목소리로 전달해주고 다른 곳으로 관심을 돌릴 수 있도록 해주면 됩니다.

만약 아기가 머리카락을 잡아당기고 얼굴을 할퀴었는데 안 된다고 소리만 지르거나 재미있다는 식으로 반응해주면 아기는 엄마가 즐거운 놀이로 받아들인다고 오해할 수 있습니다.

만일 아기의 기질이 상대방을 공격하면서 재미있어 한다고 느껴지면 아기가 할퀼 때 유아안전문 안으로 넣거나, 즉시 엄마가 아기를 내려놓고 유아안전문 안으로 멀어지는 '거리 두기'를 하시기 바랍니다.

종일 엄마만 따라다녀 피곤해요

(Q) 10개월 된 아들이 집에서 저만 쫓아다니며 보채요. 장난감도 안 가지고 놀고 오직 저만 따라다니고, 화장실 갔을 때도 나올 때까지 웁니다. 제가 아기와 잘 놀아주지 못해서 그런 건 아닌지 걱정스러워요.

(A) 아기가 10개월이 되면 집에 있는 물건들에 이미 익숙해져서 심심함을 느낄 수 있습니다. 만약 주변의 물건이나 장난감을 탐구하면서 노는 걸 좋아하는 아기가 아니라 누군가가 옆에서 자기에게 반응해주기를 원하는 기질의 아기라면 심심할 때 엄마에게 들러붙게 됩니다.

엄마가 재미있게 놀아주지 못해서라기보다는 아기의 요구를 너무 들어줬기 때문에 생후 10개월에 '엄마 껌딱지'가 된 것일 수 있습니다. 아기가 '엄마 껌딱지'가 된 이유가 사랑의 부족이거나 불안정한 애착문제라 생각하고 자괴감을 가질 필요는 없습니다.

일단 화장실, 부엌 곳곳에 유아안전문을 설치하세요. 아기가 고집을 부릴 때마다 "미안"이라고 말하면서 아기를 유아안전문 안으로 넣어보세요. 아기에게 엄마의 입장을 행동으로 알려주고 '거리 두기'를 통해서라도 엄마가 아기로부터 배려받을 수 있는 환경을 만들어줘야 〈아기훈육〉을 하고 있다 할 수 있습니다.

아기가 심심해하는데 바로 데리고 나갈 수 없고 집안일을 빨리해야 한다면 유아안전문을 사이에 두고 "미안해, 설거지만 하고 나가자", "미안해, 엄마 밥 좀 먹고 나가서 놀자" 하는 식으로 부드럽게 말해보세요. 아기가 유아안전문 밖에서 울면서 기다린다고 애착장애가 생기지 않습니다. 오히려 엄마가 설거지를 끝내는 시간 동안 혼자 울면서 스스로 속상한 감정을 다스리는 기회를 얻게 됩니다.

뭐든 제멋대로 행동해요

Q 11개월 된 아기가 뭐든 마음대로 하려 해요. 기저귀를 갈 때 눕혀놓기도 힘들고, 잠투정도 심해요. 서랍이 안 열리면 손으로 마구 치면서 신경질을 부리고, 옷을 갈아입히기도 어렵습니다. 더 늦기 전에 훈육해야 할 것 같은데 맴매라도 해야 할까요?

A 11개월이 되면 아기의 체중이 10킬로그램 가까이 나갑니다. 아빠도 아기를 들어 올리기가 힘든 무게입니다. 옷을 입히거나 기저귀를 갈 때 10킬로그램이나 나가는 아기가 온몸에 힘을 주고 거부하면 허리가 아프거나 체력이 약한 엄마는 아기의 몸을 제어하기가 어렵습니다.

몸이 힘들면 조금이라도 빨리 아기의 협조를 얻기 위해서 소리를 지르거나 엉덩이라도 한 대 살짝 때려볼까 하는 마음이 듭니다. 버릇없는 응석받이로 키우지 않기 위해서라고 생각하며 실제로 아기를 때리기도 합니다.

엄마의 힘든 상황은 이해하지만 가능하면 말을 안 듣는 11개월 아기에게 엉덩이를 살짝 때리는 정도일지라도 신체적인 체벌은 권하고 싶지 않습니다. 그리고 살살 하는 '맴매'는 아기 행동 수정의 결과를 가져오지도 못합니다. '맴매' 하고 싶은 마음이 든다는 것은 엄마가 몹시 힘든 상황이라는 뜻이므로, 숨을 좀 돌릴 수 있도록 주변에 적극적으로 도움을 요청하세요.

까탈스러운 기질의 아기인 것 같습니다. 기저귀를 갈 때는 힘들어도 힘을 가해야 하고, 잠자다가 깰 때는 들어 올려서 안아주지 말아야 합니다. 서랍이 안 열려서 신경질을 낸다면 아기를 안아서 유아안전문 안으로 넣으세요.

타고난 기질이 자기 마음대로 하려는 까탈스러운 기질의 아기이므로 어린이집도 잘 점검하셔서 일찍 보내시는 것도 고려해봅니다.

다음 날 똑같이 행동해요

Q 12개월 된 아기가 머리를 박아서 '거리 두기' 아기훈육법을 썼는데도 다음 날 똑같이 머리를 박아요.

A 〈아기훈육〉은 반복적으로 같은 반응을 보여줘야 하는 과정입니다. 〈아기훈육〉을 한두 번 경험했다고 해서 아기가 부모의 의도를 이해할 수는 없습니다.

필자의 경험으로는 낯선 환경에서 떼를 부리는 경우 최소 네 번 정도의 같은 경험이 주어질 때 아기가 엄마의 의도를 이해하는 것 같습니다. 네 번으로 부족하다면 다시 또 한 번 시도합니다.

지루하리만큼 반복할 때 아기의 뇌에 감정조절프로그램이 서서히 강화됩니다.

생후 12개월이고 아기의 기질이 자기중심적이라면 부모와 기 싸움을 하듯이 계속할 수도 있습니다. 최소한 네 번은 '거리 두기'를 적용해보시고 만일 행동 수정이 되지 않는다면 육아를 위한 전문가 상담도 고려해보시기 바랍니다.

자꾸 책을 찢어요

Q 13개월 때부터 책을 찢을 때마다 손등을 때렸더니 위험한 일을 못하게 하면 "때때" 하면서 제 얼굴을 때려요. 그래서 그럴 때마다 매를 정해놓고 손바닥을 한 대씩 때리며 혼을 냈어요. 처음에는 잘못했다고 하라고 하면 했는데 오늘은 하지도 않고 고집 피우다가 잠들었습니다. 간혹 떼를 쓰면서 뒤로 몸을 젖히며 머리를 찧기도 하는데 어떻게 해야 할까요?

A 13개월 된 아기가 그림책을 찢으면 아기를 혼내지 않고 책을 아기의 손이 닿지 않는 곳으로 옮기는 것이 옳은 해결책입니다. 생후 13개월에는 책이 어떤 의미를 갖는 것인지 알지 못합니다. 아기가 책을 찢어 신체적인 체벌을 받았을 때 억울한 감정이 남아 있어 반항심이 생긴 것 같습니다.

앞으로 아기가 책을 찢으면 그림책을 치우고 다시는 신체적인 체벌을 하지 말아주세요. 최소 두 달 정도 시간이 흘러야 아기의 마음속 상처가 치유되면서 뒤로 머리를 박는 행동도 줄어들 것입니다.

아기가 엄마에 의해 크게 상처를 경험했으므로 두 달 정도는 놀이치료의 시간이 필요합니다. 아기를 절대로 야단치지 마시고 재미있게 놀아만 주세요. 아기가 엄마에 대한 신뢰를 다시 찾은 후에 〈아기훈육〉을 시도하시기 바랍니다. 어떤 경우에도 신체적인 체벌은 안 됩니다.

다른 사람을 때리고 도망가요

Q 14개월 된 아기에게 다른 사람을 "때찌", "맴매" 하면서 아프지 않게 때리는 시늉을 했더니 재미를 붙였는지 자꾸 어른들을 때리고 도망 가요.

A 엄마는 아기의 버릇을 가르치려고 "때찌", "맴매" 하면서 아프지 않게 때리는 시늉을 한 거지만 아기에게는 마치 놀이처럼 인식된 것 같습니다. 아기에게 안 된다는 메시지를 전할 때는 놀이처럼 살살해서는 안 됩니다. 엄마는 아기가 아프지 않을 정도지만 압력이 느껴질 정도의 힘으로 아기의 어깨나 몸을 잡아야 아기에게 안 된다는 메시지가 전달됩니다.

아기가 어른을 때린다면 때리자마자 아기에게서 멀어지세요. 유아안전문 안으로 들어가서 아기가 다가올 수 없게 하세요. 1분쯤 있다가 마치 아무 일도 없었다는 듯이 유아안전문을 나와서 생활해보세요.

아기가 다시 때리면 즉시 유아안전문 안으로 엄마가 들어가거나 아기를 넣으면 됩니다.

책을 읽어줄 때 집중을 하지 못해요

Q 14개월 된 아기가 창작동화책을 들고 와 읽어달라고 하고는 첫 장만 넘기면 일어나 또 다른 책을 가져와요. 그나마 동물이나 꽃, 물고기 등이 나오는 자연 관찰 책을 읽어줄 때는 조금 오래 앉아 있는데 다른 책은 끝까지 듣지를 않아요.

Ⓐ 생후 14개월 된 아기는 간단한 사물 이름이나 동작어는 이해할 수 있어도 긴 문장이 나오는 책을 이해하기는 어렵습니다. 만일 꽃 이름이나 물고기 이름만 말해주는데도 다른 책을 가져온다면 아기가 책을 가져오는 것은 읽어달라는 의도가 아니고 엄마에게 다가가기 위한 수단일 가능성이 매우 높습니다.

많은 경우 아기가 부모에게 다가가기 위해서 책을 가져옵니다. 왜냐하면 엄마는 아기가 책을 가져오면 공부를 시킬 수 있다고 생각하고 좋아하는 반응을 보이기 때문입니다. 엄마에게 다가가고 부모로부터 관심을 받기 위해서 책을 가져오는 경우일 가능성이 매우 높습니다.

아기가 책을 끝까지 듣게 하기 위해서 〈아기훈육〉을 적용하지는 않습니다.

안 된다고 하면 공격적인 행동을 해요

Ⓠ 15개월 된 아기가 가스레인지로 장난을 쳐 뜨거운 거라 안 된다고 "앗뜨" 하고 말했더니 싱글싱글 웃고 다시 장난을 쳤습니다. 그런데 언젠가부터 안 된다고 하면 주먹을 쥐고 싱크대 문이나 저를 때리고 화를 내요. "애씨!" 하면서 화난 표정을 짓기도 하고요. 갑자기 성격이 변한 것 같아 걱정스러워요.

Ⓐ 바로 "앗뜨"가 〈아기훈육〉의 결과를 가져오지 못하는 좋은 예입니다. 우선 가스레인지 쪽으로 오지 못하게 유아안전문을 튼튼한 것으로 설치해야 합니다.

엄마가 가스레인지를 만질 때 불이 켜지는 모습이 생후 15개월 된 아기에게는 매우 재미있는 현상으로 보입니다. 기질적으로 직접 탐구해보고 싶은 마음이 큰 아기로 생각됩니다. 직접 조작해보고 싶은 마음은 이해하지만 아기의 안전이 중요하니 굳이 야단칠 필요 없이 유아안전문을 설치해서 다가오면 안 된다는 메시지를 확실하게 전해야 합니다.

아기가 가스레인지를 만진 것은 아니므로 유아안전문 앞에서 엉엉 울면 화를 내지는 마시고 부드럽게 '안 돼', '기다려', '미안해요'라는 메시지만 전하면 됩니다. 아기는 혼자 울면서 세상에 안 되는 것도 있다는 사실을 배울 뿐 양육자를 미워하거나 덜 신뢰하게 되지는 않습니다. 하지만 유아안전문 안으로 못 들어오게 하면서 안 된다고 소리까지 친다면 이중훈육이 되므로 반항심이 생겨서 엄마를 더 때릴 수도 있습니다.

갑자기 성격이 변했다기보다는 강한 스트레스 상황에서 아기의 공격적인 성향이 나타난 것입니다.

고집이 세고 물건을 집어 던져요

Q 15개월 된 아들이 고집도 세고 자기주장이 강한 편이에요. 잘 놀다가도 갖고 놀던 물건을 던지는데 야단치고 매도 들어봤지만 소용이 없어요. 야단을 치면 제 눈을 보며 던지거나 매를 뺏으려고 하기도 해요. 아빠가 야단치는 것은 아예 무시하고요.

A 생후 15개월이 되면 스스로 걸을 수 있고 몸집이 커져서 부모의 말을 잘 듣지 않게 됩니다. 그동안 오냐오냐 키우다가 갑자기 안 된다는 메시지를 전하면 아기가 부모의 안 된다는 메시지를 무시하는 경우가 있습니다. 스스로 걷기 시작하면서 자신이 왕이 된 기분이 들기 때문에 지금까지 아기가 원하는 것을 모두 들어줬다면 아마도 부모를 아랫사람 부리듯 하려 할 것입니다.

아기의 체구가 커서 육체적으로 다루기가 힘들 수 있으므로 유아안전문을 적극 활용하면 좋습니다. 문제행동을 한 경우 유아안전문 안으로 아기를 넣거나 부모가 유아안전문 안으로 들어가는 등 '거리 두기' 아기훈육법을 적용해보세요.

아기가 몸을 뒤집어 억울하고 분하다는 듯 울어도 너무 안쓰럽게 생각하지 않아도 됩니다. 단 2~3분이라도 거리 두기를 한 후에 아기의 울음이 잦아들면 다시 다가가서 놀아주세요.

물건을 빼앗겨도 가만히 있어요

Q 16개월 된 아들이 친구가 자기 것을 뺏어도 그냥 주고 말아요. 또래 아기들은 서로 빼앗으려고 안간힘을 쓰는데 우리 아기는 다른 아기의 것을 빼앗으려고도 하지 않아요.

A 16개월이면 몸의 움직임이 많아지는 시기입니다. 질적 운동성(몸 움직임의 안정성, 민첩성, 순발력, 근력)이 부족한 경우 공격적인 성향의 아기를 만나면 미리 포기하는 모습을 보입니다. 질적 운동성은 5세 이후 스포츠 활동을 통해서 향상시킬 수 있는 능력이므로 굳이 16개월 된 아기에게 억지로 운동을 시키지는 마시기 바랍니다.

생후 16개월의 아기가 억울하게 장난감을 빼앗겼다면 엄마가 장난감을 가져간 친구나 친구 엄마에게 양해를 구하고 다시 가져다주세요. 속상한 마음에 엄마가 아기에게 왜 빼앗겼냐고 다그치거나 있던 장소를 벗어나기보다는 장난감을 다시 가져다주면서 "괜찮아, 속상해하지 마" 하고 말해주세요. 장난감을 빼앗긴 아기나 장난감을 빼앗은 아기 모두에게 필요한 〈아기훈육〉입니다.

아기가 만 5세 이후가 된다면 "네가 친구한테 가서 달라고 말해볼래?"라는 말로 하는 '아이훈육'을 적용할 수 있습니다.

엄마의 몸이
얼마나 힘든지 확인해보세요

〈아기훈육〉에 성공하기 위해서는 스트레스 상황에서 '욱'하지 않을 수 있는 안정적인 에너지가 필수입니다. 엄마가 체력적으로 약해지면 아기는 자기가 몸에 힘을 주었을 때 엄마가 들어 올릴 수 없다는 사실을 알게 되면서 엄마를 덜 배려합니다.

육아는 집안일과 아기 다루기를 같이 하는 것이므로 체력이 약한 엄마는 몸으로 해야 하는 〈아기훈육〉에 어려움을 느낍니다. 몸이 힘들다 보면 짜증이 늘고 짜증이 나면 아직 말을 못 알아듣는 아기에게 잔소리가 늘어납니다. 노력해서 아기에게는 짜증을 내지 않더라도 육아와 가사에 몸과 마음이 지치는 경우 퇴근 후 집에 들어온 남편에게 감정적으로 폭발하기도 합니다.

최근 연구결과는 육아 스트레스에 미치는 주요 요인을 육아 지식이 아닌 양육자의 피곤도로 보고 있습니다. 성공적인 〈아기훈육〉을 위해서는 부모의 체력이 필수적입니다. '독박 육아'로 지쳐간다면 엄마의 육체적인 피로를 줄일 수 있는 가사와 육아를 위한 도우미 비용에 투자해야 합니다. 아기를 위한 장난감이나 옷가지 등의 구입에 쓰는 비용을 줄여서 가사 도우미 비용에 지출하기를 권합니다. 부모가 피곤하지 않다면

〈아기훈육〉은 100% 성공할 수 있습니다.

다음은 근골격계질환 정도를 확인할 수 있는 표입니다. 각 항목에 몸이 힘들고 아픈 정도를 표시해보세요.

근골격계질환 정도

신체 부위	0—1—2—3—4—5—6—7—8—9—10
	0 전혀 아프지 않다 / 아프지 않다 5 아프지만 양육에 지장은 없다 너무 아파서 양육이 어렵다
목	0—1—2—3—4—5—6—7—8—9—10
어깨	0—1—2—3—4—5—6—7—8—9—10
팔(팔꿈치)	0—1—2—3—4—5—6—7—8—9—10
손(손목)	0—1—2—3—4—5—6—7—8—9—10
등	0—1—2—3—4—5—6—7—8—9—10
허리	0—1—2—3—4—5—6—7—8—9—10
엉덩이(영치)	0—1—2—3—4—5—6—7—8—9—10
무릎	0—1—2—3—4—5—6—7—8—9—10
다리(발)	0—1—2—3—4—5—6—7—8—9—10

출처: 산업안전공단

부모의 신체 부위 중 한 부위라도 쑤시고 아픈 정도가 4점(아프지만 양육에 지장은 없다) 이상으로 높다면 병원(재활의학과, 통증의학과 등)의 진료가 필요합니다.

육아는 체력전이고 장기전입니다. 양육자의 근골격계질환은 조기 발견해서 조기 치료해야 〈아기훈육〉은 물론 엄마의 건강도 챙길 수 있습니다.

어린 시절 부모와의 관계가
〈아기훈육〉에 영향을 미쳐요

사람들 대부분은 어렸을 때 부모와의 관계에서 크고 작은 상처와 서운함을 갖고 있습니다. 부모가 너무 엄격했거나 무관심해서 생긴 상처, 공부를 잘했던 형제자매와 비교를 당해서 생긴 상처 등 누구나 한두 가지쯤은 갖고 있습니다.

부모의 사업 실패로 극심한 가난을 겪고 학업을 중단했거나 심한 신체적 체벌이나 모욕적인 말을 들은 일은 성인이 되어서도 결코 쉽게 잊히지 않는 기억입니다.

어린 시절에 부모에게서 받은 서운함과 상처가 있는 사람들의 경우 내 자식만큼은 절대 물질적인 결핍이나 정서적인 결핍을 경험하지 않게 하겠다고 결심하게 됩니다. 그래서 아기와 더 많은 스킨십을 갖고, 가능하면 많은 시간 함께 놀아주려고 노력하기도 합니다. 최근에는 반응성 애착장애에 대한 공포까지 더해지다 보니 아기가 상처받을 수 있는 일 자체를 아예 만들지 않으려고 노력하기도 합니다.

부모 자신의 물질적·정서적 결핍으로 인한 자녀에 대한 사랑의 표현은 자칫 잘못하면 자녀를 과잉보호하게 되는 결과를 가져오기도 합니다. 만일 과잉보호된 결과, 태어나서부터 자신이 원하는 대로 얻을 수 있고 전혀 스트레스를 경험하지 못하는 환경에서 성장한다면 아기는 커가면서 점점 더 자기중심적인 모습을 보이게 되고 어린이집에서 또래 아기들과의 상호작용에도 어려움을 겪을 수 있습니다.

스트레스를 전혀 경험하지 않는 유년기를 보내면 아기의 뇌에 감정조절신경망이 활성화되지 못합니다. 그래서 학교에 다니는 나이가 됐을 때 학교에서는 문제행동을 하지 않아도 집에 돌아와서는 작은 스트레스 상황 속에서도 부모에게 크게 짜증을 낼 수 있습니다. 학교에 다니는 나이에는 부모에게 짜증을 내면 안 된다는 것을 알기 때문에 심하게 짜증을 낸 후에는 아이도 심한 자괴감에 시달리게 됩니다.

자녀가 결핍을 느끼지 않게 하기 위해서 아기 때부터 정성을 다해 키웠는데 자녀가 부모인 자신들에게 크게 짜증을 내면 도대체 어디서부터 잘 못 되었는지 알지 못해 답답해하게 됩니다.

이제 말을 알아들을 나이가 됐으니 교육적인 훈육을 해야겠다고 생각하고 부모가 갑자기 잔소리를 심하게 하거나 크게 화를 내면 감정조절능력이 떨어지는 아이는 더 엇나가게 됩니다. 부모 입장에서는 교육적인 훈육이지만 아이 입장에서는 부모가 훈육이라는 이유로 스스로 합리화하면서 부모의 스트레스를 자신에게 풀었다고 생각하게 되기 때문입니다.

만일 부모가 어린 시절에 물질적으로나 정서적으로 심한 결핍이 있었고 이로 인한 상처로 오히려 아기를 과잉보호하는 것 같다면 부모 스스로 심리치료의 기회를 갖길 권합니다.

[내 부모로 인한 상처 이해하기]

나를 키워주신 분은 나에게 어떤 양육 태도를 보여줬는지 살펴보는 시간을
가져보세요.

- 과잉보호형 양육자: 항상 내게 집중하고, 내가 스스로 과제를 해결할 기회
  를 주지 않았으며 친절하게 해결해줬다.
- 과잉간섭형 양육자: 일상생활에서 잔소리가 심하고, 내가 어떻게 느끼고
  행동해야 하는지 설명하고 강요했다.
- 방임형 양육자: 의식주나 학교생활과 관련된 결정에서 내게 하고 싶은 대
  로 하고 알아서 결정하라고 이야기했다. 내 생활이나 어려움에 대해 함께
  이야기하고 싶어도 대화할 기회를 주지 않았다. 같이 놀아주지도 않았고
  생일이나 졸업식 등 특별한 날에도 난 평소처럼 똑같이 지내야 했다.
- 가부장적이고 폭력적인 양육자: 항상 권위적으로 행동했다. 자신 이외의
  다른 가족이 의견 내는 것을 허용하지 않았다. 무조건 순종하고 복종해야
  하는 분위기였다. 말을 듣지 않으면 얼굴의 표정과 심한 말로 위협을 당하
  거나 신체적인 체벌을 받아야 했다.

스스로 어린 시절 키워주신 부모로부터 큰 상처를 받았다고 생각된
다면 객관적으로 학대와 방임을 경험한 것인지, 혹시 내가 선천적으로
여린 기질이나 심리적인 의존도가 높은 기질이 있어서 부모의 애정표현
에 만족을 못 한 것인지를 돌아보는 일이 필요합니다. 힘든 일상 때문에
가끔씩 보이는 부모의 무뚝뚝한 반응이 심리적인 의존성이 컸던 자신에
게 큰 상처로 기억될 수도 있기 때문입니다.

그리고 객관적으로 보기에도 심한 학대와 방임을 경험했다면 부모로부터의 상처를 이겨내면서 건강한 어른으로 성장해 사랑하는 반려자를 만나 아기를 낳아 키우는 자신에 대해 자부심을 가져보시기를 바랍니다. 부모의 미숙한 양육 태도로 인해서 자녀가 겪게 되는 상처가 있을 수 있지만 내 자녀도 나와 같이 부모로 인한 상처를 극복하고 사회에 적응해서 잘 살아갈 것이라는 믿음도 가져봐야 합니다.

　마음의 상처 때문에 전문가의 도움을 받고 싶어도 당장 시간적 또는 금전적인 여유가 없는 경우도 많을 것입니다. 시간적으로 여유가 없어서 전문가와의 상담이 어렵다면 내 마음의 성장을 위해서 심리치료를 받기 위한 통장을 하나 만들어보세요. 매달 일정 금액을 저금하면서 언젠가는 내 마음의 상처를 치유할 기회를 자신에게 선물하겠다고 격려하는 것만으로도 큰 도움이 됩니다.

　매달 통장에 돈을 넣는 과정은 그동안 충분히 사랑받지 못했다는 내 마음의 결핍에 에너지를 충전해주는 일이 됩니다. 나이가 들고 체력이 약해지게 되면 묻어뒀던 부모로부터의 상처들이 더 자주 떠오를 수 있습니다. 그럴 때는 그동안 자신을 위해 조금씩 쌓아둔 통장의 돈으로 심리치료를 받아보세요.

　부모 역할은 생을 마감할 때까지 해야 합니다. 부모가 스스로 성장해야 나이가 들어가면서도 좋은 부모 역할을 감당할 수 있습니다.

〈아기훈육〉으로 키워진 아이들은
스트레스 상황에서 화가 덜 나는
자신의 모습을 보면서
어린 시절부터
부모로부터 사랑받고 성장했다는 사실을 알게 됩니다.

생후 17개월부터는 걷거나 뛰어다닐 수도 있고 간단한 문장으로 된 말을 이해할 수 있는 시기입니다. 아기가 다 컸다고 생각되는 시기이지만 아직 스트레스 상황에서는 조건부 말을 이해하기 어려우므로 〈아기훈육〉이 적용되어야 합니다.

언어이해력이 빠른 아기들은 문장으로 된 말을 매우 빠른 속도로 이해합니다. 언어이해력이 늦되는 아기들이라도 생후 32개월경에는 24개월 수준의 말을 이해합니다. 질적 운동성(몸 움직임의 순발력, 민첩성, 정확도)이 좋은 아기들은 몸의 움직임이 매우 빨라지고 자신감이 넘칩니다. 질적 운동성이 늦되는 아기들은 몸의 움직임이 과격한 또래들과 있으면 엄마 뒤에 몸을 숨기려고 할 것입니다.

언어표현력이 빠른 아기들은 간단한 문장으로 말을 시작하며 생후 32개월경이 되면 두 문장 이상으로도 말을 할 수 있습니다. 하지만 언어표현력이 늦되는 아기들은 대부분 질적 운동성도 늦되기 때문에 또래 집단에서 활발하게 자기표현을 하기 어려울 수도 있습니다.

아기의 인지발달 특성과 언어이해력, 질적 운동성의 특성을 잘 고려해서 아기의 행동에 대한 원인을 예측하고 어떻게 〈아기훈육〉을 할 것인지 판단해야 합니다.

3장

생후 17~32개월
〈아기훈육〉

생후 17~32개월
아기의 발달 특성

아기의 감각 인지발달 특성

이 시기에는 눈으로 보고 판단하는 시각적 인지능력이나 소리를 듣고 그 소리의 의미를 파악하는 청각적 인지능력은 빠른 속도로 발달합니다.

자기가 갔던 길을 기억해서 엄마의 손을 이끌고 갈 수도 있습니다. 핸드폰 벨 소리에 따라서 누구의 핸드폰인지도 알 수 있습니다. 매일 새로운 시각적인 정보와 청각적인 정보의 의미를 알고 싶어 하여 마트에 가서 자신이 선호하는 간식 찾는 일을 좋아합니다.

이 시기의 아기들은 언어이해력이나 운동발달은 늦될 수 있지만 시각적인 인지와 소리를 인지하는 청각적인 인지발달은 크게 지연을 보이지 않습니다.

아기의 언어이해력

이 시기 아기의 언어이해력은 아기들에 따라 큰 차이를 나타냅니다. 아기가 단순히 사물 이름만 이해하는지, 조건부 긴 문장의 의미도 이해하는지 확인해봐야 합니다.

이때 자기 나이의 80% 정도의 언어이해력을 갖고 있다면 정상범위에 속한다고 판단해도 좋습니다. 예를 들어, 28개월 된 아기가 자기 나이의 80% 수준의 언어이해력을 보인다면 22개월(28개월×80%=22개월) 정도의 언어이해력을 보인다고 판단합니다.

하지만 언어이해력이 다소 늦되어도 시각적 인지발달 수준은 지연되지 않으므로, 문장으로 된 말을 정확하게는 이해하지 못해도 눈으로 상황을 살펴보면서 엄마가 하는 말의 의미를 유추해서 행동하기도 합니다.

아기는 기분이 좋은 상황에서는 엄마의 눈을 보면서 엄마가 하는 말에만 집중하면 긴 문장이나 조건부 문장을 이해할 수 있지만, 관심 있는 시각적인 자극에 집중해서 달려가거나 다른 자극에 신경이 분산되어 있을 때는 엄마의 말로 하는 지시가 아직은 '뚜, 뚜, 뚜, 뚜' 하는 의미 없는 소리로 들

▶ 엄마의 말이 '뚜, 뚜, 뚜, 뚜' 소리로 들려요.

리게 되는 시기입니다. 따라서 아기가 어딘가로 정신없이 달려갈 때 "위험해, 멈춰"라고 아무리 큰 소리로 말해도 아기의 귀에는 '뚜, 뚜, 뚜, 뚜' 하는 소음으로 들리므로 달리는 행동을 멈추기가 매우 어렵습니다.

이때 엄마는 아기가 말을 알아듣고도 무시했다고 생각하면 안 됩니다. 놀이터와 같이 다양한 시각적·청각적 자극이 있을 때는 새로운 시각과 청각자극에 집중하므로 엄마의 말은 들리지 않을 수 있다는 사실을 기억해야 합니다. 위험한 곳으로 달려간다면 빨리 뛰어가서 아기를 멈추게 해야 합니다.

이 시기의 아기가 엄마의 말을 이해하고도 무시했다고 생각해 심하게 야단친다면 〈아기훈육〉이 아닙니다. 아기가 다칠까 봐 놀라서 목소리가 높아질 수 있으니 말로 지시하기보다는 아기보다 빠른 속도로 달려가 아기를 안아서 안전한 곳으로 데려와야 합니다.

아기의 언어표현력

생후 17~32개월 된 아기의 언어표현력은 아기 입술 주변의 질적 운동성에 따라 큰 차이를 보입니다.

말이 트인 아기가 스트레스 상황에서 "엄마, 미워"라는 말을 할 수 있습니다. 아직은 자기 마음을 표현할 수 있는 충분한 어휘력이 없으므로 아기가 즉흥적으로 하는 말을 그대로 받아들이면 안 됩니다. 아기가 무슨 말을 하든지 아기의 마음은 '싫다', '좋다'의 의미를 전달할 뿐입니다.

문장으로 말이 트였다고 공격적으로 하는 아기의 말에 엄마가 공격적인 태도로 답하면 안 됩니다. 이럴 때는 '무반응' 아기훈육법이 필요합니다.

아기의 기질과 친밀도, 흥미도

타고난 기질이 순한 아기의 경우 언어이해력이 좋아졌기 때문에 많이 흥분하지 않았다면 스트레스 상황에서 엄마가 아기에게 천천히 상황을 설명하는 방식으로 아기가 감정을 조절하도록 도와줄 수 있습니다.

친밀도가 높은 아기는 낯선 사람과도 상호작용이 가능하지만 친밀도가 떨어지는 아기는 낯가림이 더 심해지기도 합니다. '친밀도가 떨어진다'라는 말은 사람의 표정으로 사람의 마음을 읽는 힘이 약하다는 뜻입니다. 친밀도가 떨어지는 아기를 16개월 동안 과잉보호했다면 아기는 더 자기중심적이 되어서 오히려 눈을 더 안 맞추고 이름을 불러도 일부러 돌아보지 않을 수 있습니다.

간단한 문장을 이해하고 말이 빨리 트여서 간단한 문장으로 말할 수 있어도 아직은 말로 하는 교육적인 훈육보다는 아기의 행동을 제한하는 〈아기훈육〉이 필요한 시기입니다.

이 시기에는 언어이해력이 빠르고 순한 기질의 아기라면 한 번씩 "악"하고 소리를 지르고 바닥에 뒹구는 모습으로 스트레스를 표현할 수도 있습니다. 평소에 순하던 아기가 갑자기 공공장소에서 소리를 지르거나 바닥에 뒹군다면 크게 스트레스를 받은 것으로 이해해줘야 합니다.

아기의 운동발달

생후 17~32개월에는 혼자서 잘 걷기 시작하면서 빨리 뛰기, 두 발 뛰기, 넓이 뛰기, 까치발 걷기 등도 할 수 있는 질적 운동성이 민첩하게 발달합니다.

10개월 정도에 혼자서 걷는 등 빠른 발달을 보였어도 이 시기에 질적 운동성이 빠른 속도로 향상되지 않는다면 두 발 뛰기나 힘차게 공차기 등의 질적 운동성이 필요한 동작들이 잘 안 될 수도 있습니다. 두 발 뛰기가 되는지, 계단을 한 발씩 올라갈 수 있는지, 한쪽 발만 들고 서 있을 수 있는지 등의 질적 운동성을 확인해봐야 합니다. 질적 운동성이 떨어지면 또래 집단 활동에 잘 적응하지 못할 수도 있기 때문입니다.

아기의 질적 운동성은 천천히 발달하므로 만 5세 이전에는 전문가의 도움을 받기보다 자연적으로 향상되기를 기다려주는 게 좋습니다.

아기의 말 트임은 아기 입술의 움직임, 혀의 움직임, 삼키기, 숨쉬기, 침 넘기기 등의 작은 근육들의 질적 운동성에 따라서 결정됩니다. 몸놀림이 어눌하면 입술 주변의 질적 운동성이 떨어질 가능성이 높습니다.

사람들 대부분이 아기가 심하게 떼를 쓰면 그 원인이 말 트임이 늦어서라고 생각하기도 합니다. 아기들의 상호작용은 대부분 시각적인 인지능력으로 이뤄집니다. 아기들은 행동으로 말하고 상대방의 행동을 시각적으로 파악해서 대처하고 의사소통합니다.

따라서 까탈스러운 기질로 인한 심한 떼를 말 트임이 늦어서 스트레스를 받았기 때문이라고 진단하면 안 됩니다. 말 트임이 늦어져도 친밀도가 높고 언어이해력에 지연이 없는 순한 기질의 아기들은 상호작용에 큰 어려움을 겪지 않는 시기이기 때문입니다.

생후 17~32개월 아기의 스트레스 행동에 따른 부모의 느낌과 반응

아기의 스트레스 행동

아기가 걷고 뛰기 시작하면서 미운 세 살의 고집스러운 모습을 보이는 시기입니다. 이 시기 아기들이 스트레스를 받았을 때의 행동은 다음과 같습니다.

- **울기:** 울다가 토한다, 악을 쓰며 운다, 엎어져서 대성통곡을 한다 등
- **소리 지르기:** 얼굴이 빨개지며 소리 지른다, "악" 하고 소리친다, 안아달라고 소리 지른다 등
- **몸 움직이기:** 일부러 엉덩방아를 찧는다, 일부러 심하게 넘어진다, 엄마에게 껌딱지처럼 붙어서 안 떨어진다, 발버둥 친다, 엄마를 찾아 여기저기 돌아다닌다, 바닥에 누워서 소리 지른다, 눈을 맞추지 않고 딴청을 부린다, 온몸에 힘을 주고 막대기처럼 몸을 만들어서 소리 지른다 등
- **자해하기:** 자기 머리를 주먹으로 때린다, 자기 얼굴을 손바닥으로 때린다, 모서리에 머리를 박는다 등
- **상대방 때리기:** 엄마의 얼굴을 확 때린다, 엄마의 머리카락을 잡아당긴다, 꼬집는다 등
- **회피하기:** 다른 방으로 달려간다 등

엄마의 느낌과 반응

아기의 스트레스 행동에 대한 엄마의 느낌과 행동은 다음과 같습니다.

- 여러 가지 방법으로 훈육을 시도해보려고 한다(손 붙잡기, "엄마 아파" 하고 연기하기, "아니야" 하고 단호하게 말해보기 등).
- 아기가 달래지지 않으면 불안하고 견디기 어렵고 화를 내게 될까 봐 두렵고 지친다.
- 울음의 원인을 파악하는 게 어려워서 어떻게 해야 할지 모르겠다.
- 말이 안 통해서 답답하며 처음에는 가능한 한 아기의 감정을 알아주려고 노력하지만 계속 소리를 지르면 그때는 단호하게 이야기한다.
- 신경 쓰지 않는다. 아기가 신경 쓰면 더하는 거 같아 무관심하게 대한다.

생후 17~32개월 아기가 스트레스 행동을 했을 때 엄마들은 속상한 마음을 공감해주기도 하고, 달래기도 하고, 단호한 태도를 보이기도 합니다. 동시에 화가 나므로 강압적인 태도를 보이기도 하고 힘들어서 무반응을 보이기도 합니다.

엄마들의 일관적이지 못한 양육 태도는 육아에 지친 것이 원인일 수 있습니다. 이런 경우 휴식을 취해야 하며 남편의 위로와 도움이 필요합니다. 남편이 가사일에 크게 스트레스를 받는 성격이라면 아기용품의 비용을 줄여서라도 일주일에 반나절이나 한 달에 반나절만이라도 가사 도우미의 도움을 받아 집안의 물건들을 정리하는 것이 좋습니다. 엄마와 아빠, 둘이서 육아와 가사를 감당하기 힘들어지면 쉽게 지치기 때문입니다.

아빠의 느낌과 반응

이 시기의 아기가 보이는 스트레스 행동에 대한 아빠의 느낌과 반응은 다음과 같습니다.

- 짜증 나는 경우가 많으며 그러지 말라고 타이른다.
- 아침에 어린이집에 가기 싫어하거나 엄마 혹은 외할머니를 때리는 행동을 하면(다른 사람에게 해를 끼치거나 생활규칙에 어긋난 행동) 엄한 훈육이 필요하다고 느껴 "그러면 안 돼" 하고 단호하게 이야기한다.
- 아기가 진정될 때까지 기다려야 할지, 아니면 소리 지르면 안 된다고 막아야 할지 고민한다.
- 우는 모습이 안타까워 가급적 하고자 하는 것을 하게 해준다. 잠시 가만히 두거나 다독거리거나 좋아하는 장난감 등을 주거나 좋아하는 TV 프로그램을 틀어준다.
- 울지 않도록 해주고 싶지만 잘되지 않는다.
- 내가 해줄 것이 별로 없어서 미안하다. 아기에게 좀 더 관심을 가지려고 한다.
- 잘못된 행동을 고쳐줘야겠다는 생각이 앞서지만, 주 양육자가 아니라서 혼냈을 때 사이가 더 멀어질 것 같아 적당한 선에서 달래준다.

아빠들은 아기의 스트레스 행동에 크게 스트레스를 받지는 않고, 단호하게 안 된다는 신호를 보내는 경우가 많은 것 같습니다. 때로는 어떤 훈육 방법을 써야 할지 몰라서 답답해하기도 합니다. 그래서 아기가 하고 싶은 대로 하게 내버려두거나 관심을 다른 곳으로 돌리려고 시도합니다.

생후 17~32개월 〈아기훈육〉에 성공하려면

아기의 발달 수준을 잘 파악해주세요

〈아기훈육〉을 실행하기 전에 먼저 아기의 발달 수준을 잘 파악해주세요. 이 시기에는 언어이해력과 질적 운동성이 아기마다 큰 차이를 보입니다.

언어이해력이나 질적 운동성의 발달이 늦는 경우 기다리면 만 5세경에 정상범위로 올라올 수 있는 늦되는 아기인지, 아니면 혹시 발달장애가 있는지 살펴봐야 하는 시기입니다.

만일 아기에게 발달장애가 있다면 언어이해력에도 심한 지연을 보이고 질적 운동성에도 큰 어려움을 보이게 됩니다. 친밀도, 흥미도도 떨어지므로 또래 집단에서 놀이활동에도 어려움을 보입니다. 지적장애나 자폐스펙트럼 장애, 의사소통장애 등의 발달장애가 있으면 모두 질적 운동성이 떨어지고 언어이해력이 심하게 지연되는 발달 특성을 보입니다.

〈아기훈육〉을 지속적으로 행했는데 아기에게 변화가 없다면 단순히 까탈스러운 기질이 원인이지, 아니면 발달장애인지를 확인해야 합니다. 이를 알아보기 위해서는 아기의 인지발달과 언어이해력의 수준을 정확하게 진단해야 합니다.

시각적·청각적 인지발달 수준이 낮고 언어이해력이 떨어진다면 지적발달장애 가능성이 있습니다. 시각적·청각적 인지발달은 정상범위에 속하지만 언어이해력에 심한 지연을 보이고 친밀도와 흥미도에 어려움이 없다면 의사소통장애일 가능성이 있습니다. 시각적·청각적 인지발달이 정상범위에 속하지만 언어이해력에 심한 지연을 보이고 친밀도에도 큰 어려움을 보인다면 자폐스펙트럼장애일 가능성이 있습니다.

질적 운동성에 지연을 보이지만 언어이해력이 정상범위에 속하면서 친밀도와 흥미도도 정상범위에 속한다면 운동발달만 늦되는 아기라고 판단할 수 있습니다. 언어이해력이 늦되지만 자기 나이의 80% 수준의 언어이해력을 보이면서 친밀도, 흥미도가 정상범위에 속한다면 언어이해력만 늦되는 아기라고 판단할 수 있습니다.

발달장애를 조기에 발견하는 시기는 24개월 전후입니다. 따라서 이 시기에 아기의 질적 운동성, 언어이해력, 친밀도, 흥미도를 잘 살펴보는 일이 필요합니다. 이를 가장 쉽고 빠르게 판단하는 방법은 아기가 또래 집단에서 얼마나 적응하는지를 알아보는 것입니다.

어린이집을 보내는 일이 걱정돼도 가능하면 생후 17개월에는 어린이집의 경험을 통해서 아기가 또래 집단에 잘 적응하는지 살펴보시기를 권합니다. 문화센터나 실내놀이터 등에서의 활동으로는 발달장애의 조기 판단이 어렵습니다. 꼭 어린이집의 경험으로 확인해주세요. 규율이 있는 어린이집 활동 자체만으로도 〈아기훈육〉의 효과를 크게 볼 수 있습니다.

생후 17~32개월 아기훈육법

이 시기에 가장 효과적인 〈아기훈육〉의 방법은 어린이집에 보내는 것입니다. 간단한 말귀도 알아들을 수 있으므로 단체생활 속의 지켜야 할 규칙을 어깨너머로라도 익히기 위해서는 어린이집의 경험이 절대적으로 필요합니다.

힘든 일이지만 가능하다면 나이 차이와 상관없이 여러 엄마와의 모임을 자주 경험할 경우 좋은 〈아기훈육〉의 결과를 가져올 수 있습니다. 집과 다른 곳에 갔을 때마다 그곳에서 지켜야 할 규칙에 대해서 어깨너머로 배울 수 있는 환경이 필요합니다.

이제 마음대로 뛰어다니고 말도 하기 시작하면서 아기는 더욱더 떼가 심해질 것입니다. 공공장소에서 아기가 크게 화를 낸다면 그곳에서 0.5초만에 아기를 데리고 나오는 아기훈육법을 적극적으로 적용해야 합니다. 엄마가 허리가 아파서 아이를 들어 올릴 수 없다면 주변의 남자 어른에게 도움을 요청해서라도 데리고 나와야 합니다.

〈아기훈육〉에 체력전이 필요한 시기입니다. 자칫 육아에 지친 부모가 아기를 때리게 되는 시기이므로 조심해야 합니다. 아기의 키가 커져서 기존의 유아안전문을 열 수 있다면 더 높은 유아안전문으로 바꿔야 합니다.

▶ 더 높은 유아안전문으로 바꿔주세요.

신체 구속하기, 단호한 표정으로 쳐다보기

막대기를 휘두른다거나 위험한 곳을 향해서 정신없이 달려갈 때는 일단 행동을 멈추게 하기 위해 아기의 신체를 구속해야 합니다. 아기의 손을 꽉 잡거나 어깨를 꽉 잡아서 움직이지 못하게 할 수 있어야 합니다.

말로 지시하기보다는 아기의 몸에 압력을 가해서 안 된다는 메시지를 전해야 합니다. 특히 친밀도가 떨어지는 특성을 가진 아기일수록 말보다는 강한 스킨십을 통해서 메시지를 전달해야 합니다.

짧은 문장으로 설명하기

아기가 감정이 좀 안정된 상태라면 아기의 신체를 구속한 상태에서 천천히 위험해서 안 된다는 말을 짧게 해도 좋습니다.

"미안해" 하고 말하기

아기의 정당한 요구를 들어줄 수 없을 때는 미안하다고 말해주세요. 아기의 신체를 구속해야 할 때 역시 "미안해" 하고 얘기해주면 좋습니다. 이때의 '미안해'라는 표현은 엄마가 잘못했다는 사과의 의미가 아니고 아기의 안전과 다른 사람들의 안전을 위해서 말을 들어줄 수 없어 유감을 표하는 의도입니다.

밖으로 나오기

공공장소에서 아기가 문제행동을 보일 때는 즉시 아기를 데리고 나와야 합니다. 아기를 안고 나오기에 너무 덩치가 크다면 손을 꽉 잡고 데리고 나올 수도 있습니다.

유아안전문 활용하기

힘이 센 아기들은 유아안전문을 발로 차서 부서트릴 수도 있습니다. 유아안전문이 낮다면 엄마가 유아안전문을 여는 모습을 잘 관찰해서 그대로 열어 나갔다가 들어가기를 할 수 있습니다. 아기 키보다 높은 유아안전문이 필요합니다.

생후 17~32개월 〈아기훈육〉 Q&A

배우자가 안쓰럽다고 아기에게 사탕을 주네요

Q 18개월 고집이 센 아기가 사탕을 달라고 울 때 저는 '거리 두기' 아기훈육법을 쓰는데 남편은 안쓰럽다고 사탕을 가져다줘요.

A 아기훈육법을 실행할 때 가능하면 가족이 합의해서 일관되게 반응해줘야 합니다. 그래야 아기의 행동 수정 효과가 커집니다.

어떤 아기훈육법을 쓸지는 부모의 성격과 양육철학에 따라서 달라질 수 있습니다. 부모가 항상 같은 〈아기훈육〉의 원칙을 갖기는 매우 어렵습니다. 그렇다면 가족이 같이 모여 있는 상황에서는 아기에게 누가 '대장'인지 알려주면 도움이 됩니다.

엄마가 대장이 되기로 했다면 보조 양육자는 대장의 태도를 존중해줘야 합니다. 엄마가 사탕을 줄 수 없다고 단호한 태도를 보일 때 아빠는 아기에게 "엄마가 안 된대. 미안해, 엄마가 안 된대"라고 말하며 양해를 구하는 태도를 취해야 합니다.

"
엄마가 안 된대.
"

자신의 머리를 때리며 자해행동을 해요

Q 18개월 된 아기가 밥을 뱉어내는 등의 행동을 할 때 손등을 때리곤 했어요. 그러면 아기도 자기 손등을 때리는 행동을 따라 했는데 얼마 전 친구가 때리자 자신의 머리를 마구 때리는 행동을 하는 거예요. 저 때문에 자해행동을 하는 걸까요?

A 네, 그럴 수 있습니다. 18개월이면 부모가 하는 모든 행동을 모방하려고 하는 시기입니다. 밥을 먹지 않을 때의 아기훈육법은 아무 말하지 말고 굳은 얼굴로 밥을 치우는 것입니다. 열심히 만든 음식을 아기가 먹지 않아서 속상해도 식사와 관련해서는 절대로 신체적인 체벌을 하면 안 됩니다.

아기가 속상해서 자해를 한다면 '거리 두기'와 '침묵하기, 무반응' 아기훈육법을 적용하시기 바랍니다.

이미 식사시간에 아기의 마음을 상하게 했으므로 앞으로는 최소한 두 달 정도는 식사시간에 아기의 손등을 때리지 않는 태도를 계속 유지하고 평상시에 재미있게 상호작용하면서 놀아주세요. 엄마가 하는 놀이치료를 경험하게 되면 2~4개월 후에는 자해행동을 그칠 것입니다.

친구를 너무 무서워해요

Q 18개월 된 아들이 친구들을 무서워해요. 적극적인 아기들이 놀자고 접근하면 손사래를 치며 엄마에게 달려옵니다. 어린이집에 보내도 될까요? 혹시 맞고 오지 않을까 걱정입니다.

A 아기가 적극적으로 다가오는 친구들을 무서워한다면 가장 먼저 아기의 질적 운동성을 살펴봐야 합니다. 순발력, 민첩성, 균형감각으로 평가하는 질적 운동성이 떨어지면 강한 에너지를 갖고 다가오는 친구의 모습을 볼 때 강한 속도로 날아오는 공을 볼 때처럼 어지럼증을 느끼고 무서워하게 됩니다. 친구들이 달려오기만 할 뿐 아기를 밀치거나 때리지 않는다면 멀리서 친구들이 노는 모습을 지켜보게 하는 것이 좋습니다.

어린이집에서는 공격성이 없는 친구도 만나게 되고 교사의 보호를 받을 수 있으므로 적극적으로 보내기를 권합니다. 질적 운동성이 좋고 좀 과격하게 노는 아기들에게는 어린이집 교사가 적절한 〈아기훈육〉을 실행해줘야 합니다. 공격적인 성향이 강한 아기들도 어린이집에서는 안 된다는 사실을 인지하고 감정을 조절하게 됩니다.

어린이집에 보낼 때 그냥 형제들이 많은 친척 집에 보낸다고 생각하고 주변에 신뢰할 만한 곳을 찾아서 아기가 서서히 적응할 수 있도록 도와주세요. 어린이집은 아기의 전반적인 발달 증진을 위해 꼭 필요한 곳입니다.

누구에게나 공격적인 행동을 해요

Q 18개월 된 아기가 또래 친구나 언니, 오빠를 처음 보면 좋아하면서도 잘 어울리지 못해요. 만지려고 하면 때리거나 소리를 지르며 짜증을 많이 냅니다. 친구와 잘 놀다가도 짜증을 내고 꼬집거나 귀를 잡아당겨요. 저한테도 "엄마 미워" 하며 소리 지르고 때립니다. 그나마 제가 야단치면 조금 듣지만 아빠가 야단치면 반항을 해요.

A 18개월이면 잘 걸어 다니고 종종걸음으로 빨리 걸을 수도 있습니다. 타고난 기질이 공격적인 아기들은 운동성이 좋아지면서 공격성이 더 많이 나타납니다. 기질적으로 공격성이 있다는 것은 상대방이 언제 에너지가 떨어져서 자신에게 공격적인 행동을 하기 어려운지 빨리 파악할 수 있다는 의미이기도 합니다.

18개월이면 부모가 언제 자신에게 힘을 쓸 수 없는지도 잘 알고, 엄마보다 아빠가 덜 무섭다는 사실도 인지할 수 있습니다.

친구들을 때리면 그곳에서 아기를 데리고 나오는 아기훈육법을 적용하세요. "엄마 미워"라고 말한다면 굳은 표정으로 쳐다보거나 반응하지 않길 바랍니다. 아빠 역시 아기가 미운 말을 할 때는 굳은 표정을 보이거나 아기한테서 멀어져야 합니다.

떼를 쓰고 울다가 토를 해요

Q 무척 활동적인 18개월 된 아들이 있습니다. 산책이라도 나가면 온 동네 참견 안 하는 데가 없고, 길에서 드러눕거나 공공장소에서 말썽도 자주 부려요. 언젠가 심하게 울다가 토하기까지 하더니 이후 자신이 원하는 대로 되지 않으면 울고 토하고 울고 토합니다.

Ⓐ 고집이 센 아기가 심하게 떼를 부리다 보면 복압이 증가하면서 위에 있던 음식물이 구토 형태로 나올 수도 있습니다. 이때 엄마가 놀라서 부드럽게 대하면서 돌보면 기질적으로 상대방의 약점을 빨리 파악하는 아기는 자신이 원하는 대로 하기 위해 일부러 토하는 방법을 쓸 수도 있습니다.

아기가 토하면 엄마가 매우 차분한 태도로 천천히 움직이면서 아기를 씻기고 옷을 갈아입혀야 행동 수정에 도움이 됩니다. 무조건 침묵하길 바랍니다. 엄마가 말을 많이 하면 할수록 아기는 자기가 토했더니 엄마가 다가오고 관심을 보인다고 착각하게 되기 때문입니다.

오빠를 깨물고 괴롭혀요

Ⓠ 18개월 된 딸이 네 살 오빠를 졸졸 따라다니며 시비 걸고 깨무는 등 지나치게 괴롭혀요. 오빠가 동생을 피해 다닐 정도입니다. 한 번 깨물면 살이 파일 정도로 무는데 야단치려고 하면 웃으면서 슬슬 도망쳐서 저도 약이 오릅니다. 혹시 태교를 잘못해서 그런 걸까요?

Ⓐ 태교하고는 아무 상관이 없습니다. 아기의 타고난 기질에 상대방을 공격하려는 성향이 있어서 그렇습니다. 아기가 깨물었을 때 아기를 유아안전문 안으로 넣거나 오빠와 엄마가 유아안전문 안으로 들어가는 아기훈육법을 활용해보세요.

아기가 우연히 오빠를 깨물었을 때 오빠가 당황하고 엄마는 안 된다고 하는 반응들이 아기에게는 재미로 여겨져서 계속하게 되는 것입니다. 기질적으로 상대방의 심리를 이해하기 힘든 아기들이 있습니다. 아기가 우연히 한 행동이어도 상대방에게 공격적인 행동을 보였다면 〈아기훈육〉이 필요합니다.

자기의 행동에 오빠나 엄마가 더 이상 관심을 보이지 않고, 사랑받고 싶은 오빠와 엄마로부터 떨어져 있어야 함을 반복적으로 알게 되면 천천히 오빠를 깨물고 싶은 욕구를 참을 수 있게 됩니다.

아기가 오빠를 깨무는 순간, 아기를 번쩍 안아서 유아안전문 안으로 넣는 방법이 아기의 행동을 좀 더 빠르게 수정할 수 있게 도와주기도 합니다. 오빠를 괴롭히자마자 0.5초 만에 거의 반사적으로 아기를 들어서 유아안전문 안으로 넣어야 효과를 볼 수 있습니다. 유아안전문 안에서 아기가 울고 버둥거리면 손을 옆으로 저어서 오빠를 깨물면 안 된다는 신호를 줘야 합니다.

18개월이면 2분 정도 유아안전문 안에서 울게 하고 꺼내주면서 다시 한 번 오빠를 깨물면 안 된다는 사인을 손짓으로 전하세요. 아기가 화가 나서 또 오빠에게 달려간다면 다시 번쩍 안아서 유아안전문으로 넣어야 합니다. 절대로 허락할 수 없다는 메시지를 강력하게 전달하는 것이 유아안전문을 활용한 아기훈육법입니다. 네 번 정도 반복하는 경우에 아기가 오빠를 깨물고 싶은 충동을 조절할 수 있습니다.

동생한테서 계속 공격적인 태도를 경험한다면 오빠는 동생과 안정적인 애착을 형성하기가 어렵습니다. 만일 동생의 행동이 빨리 수정되지 않는다면 오빠에게 유아심리검사를 받도록 해주세요. 유아심리검사를 통해서 동생 때문에 상처받은 오빠의 마음을 알아보고 도와줘야 합니다.

조카의 안 좋은 행동을 따라 해요

Q 19개월 된 아들이 아빠를 닮아 순한 편이에요. 같은 아파트에 사는 만 5세 조카가 떼가 심하고 고집불통에 샘이 많아 우리 아기와 많이 다툽니다. 요새는 조카의 안 좋은 모습을 따라 하기까지 해요. 조카를 안 만날 수도 없고 어떻게 해야 할까요?

A 생후 19개월이면 사촌의 행동을 자기도 모르게 모방하면서 놀 수 있습니다. 부

모들이 아기들을 잘 보호해줄 수 있다면 만 5세 조카 훈육도 함께하면서 같이 놀게 해도 괜찮습니다.

만 5세 아이의 '아이훈육'은 문제행동을 하지 않았을 때의 보상에 대해 설명해 주는 것입니다. 만 5세이므로 규칙을 미리 말로 설명하는 '아이훈육'을 시도할 수 있습니다. 조카가 19개월 동생 집에서 놀다가 문제행동을 하면 그 즉시 자기 집으로 돌아가야 한다는 규칙을 적용해도 좋습니다.

아기의 타고난 기질이 순하다면 형인 조카의 행동을 모방하는 일은 일시적일 가능성이 높습니다. 순한 기질의 아기가 계속 형한테서 맞다 보니까 스트레스가 극에 달한 것 같습니다.

만 5세 조카 역시 '아이훈육'에 성공해서 같이 키울 수 있다면 아기가 형의 문제행동만 모방하는 것이 아니라 형의 놀이행동도 모방할 수 있습니다.

"아니야"라고 계속 말해요

Q 19개월 된 아기가 종일 "아니야" 하고 말하며 짜증을 부려요. 밥 먹을 때도 "아니야"를 여러 번 외치다가 밥을 치우려고 하면 그때야 짜증을 부리며 먹기 시작합니다. 그동안 밥을 잘 안 먹어 마음고생이 심해서 아기에게 안 된다는 말을 많이 하긴 했습니다.

A 아기가 "아니야"라고 말할 때 못 들은 척하고 반응하지 마세요. 아기가 "아니야"라고 했을 때 "그럼 이거 할래?"라는 식으로 반응해주면 아기는 계속해서 하루 종일 "아니야"를 말할 것입니다.

밥을 먹일 때는 밥을 앞에 두고 아무 말도 하지 않고 아기를 쳐다봐도 좋습니다. 그리고 가능하면 어린이집을 빨리 보내서 집단생활에 적응하게 도와주면 좋겠습니다. 밥상 앞에서 다른 친구들이 좋아하며 밥을 먹는 모습을 아기가 모방할 기회를 주기 바랍니다.

대신 평소 즐거운 시간을 보낼 기회를 아기에게 충분히 줘야 합니다. 놀고 싶은 아기의 욕구가 충족되지 않은 상태에서 안 된다는 메시지를 많이 주면 시간이 지나면서 아기의 짜증이 폭발합니다.

특히 아기는 엄마에 대한 불만을 먹는 시간에 표현하는 경우가 많습니다. 엄마는 자신이 밥을 많이 먹기를 원한다는 것을 잘 알고 있기 때문입니다. 엄마가 원하는 것을 들어주지 않는 행동을 해서 엄마에 대한 불만을 표출하는 것입니다.

19개월이면 잘 걸을 수 있는 나이이므로 넓은 환경에서 많은 경험을 할 수 있도록 기회를 주세요. 가능하면 아기가 "안 돼"라고 말하지 않을 환경에서 시간을 보내는 게 좋습니다. 엄마가 "아니야"라는 말을 많이 했다면 스트레스 상황에서 습관적으로 나오는 말이 "아니야"일 수도 있습니다. 엄마도 "아니야"라는 말을 줄여보세요.

지나가는 사람들을 만지고 잡아당겨요

Q 20개월 된 아기와 수족관에 갔는데 자꾸 지나가는 사람들을 건드려요. 손에 닿는 사람이면 누구나 만지고 옷을 잡아당기는데 불쾌해하는 사람들이 있어서 계속 사과만 하고 다녔어요. 맞벌이라 아기와 잘 놀아주지 못해서 그런 건지 미안한 마음이 듭니다.

A 절대로 부모가 아기와 놀아주지 못했기 때문에 나오는 행동이 아닙니다. 20개월 된 아기가 상대방의 기분을 잘 이해하지 못하는 상태에서 놀이로 사람들을 건드릴 수 있습니다. 사람들이 놀라고 싫어하는 반응과 엄마가 사과하는 반응이 재미로 느껴질 수 있습니다. 마치 버튼이 있는 장난감을 누르면 음악이 나오는 것처럼 자기가 사람들을 만지면 사람들이 즉각 반응을 보이므로 재미있을 수

있습니다.

아기는 재미있어서 하지만 사람들에게 피해를 준다면 즉시 그 장소에서 아기를 데리고 나와야 합니다. 1~2분 동안 밖에서 단호한 표정으로 아기를 지켜보면서 안 된다는 메시지를 전하고 다시 수족관으로 들어갑니다. 아기가 또 사람들을 건드리면 사과보다는 즉시 아기를 안고 밖으로 나오는 아기훈육법을 네 번 반복해야 합니다.

네 번 반복했는데도 반항하듯 다시 사람들을 만진다면 그 장소에서 벗어나야 합니다. 수족관에 다시 들어가지 않는 것 자체가 이미 아기의 행동에 대해 메시지를 전한 것이므로 심하게 화를 낼 필요는 없습니다.

물을 쏟고 그릇을 던져요

Q 20개월 된 아기가 밥 먹을 때 물을 달라고 해서 주면 물을 반찬이나 밥에 쏟고 그릇을 던지기도 합니다. 던지지 못하게 물을 먹여주려고 하면 떼를 써서라도 빼앗아요. 매를 들어도 고쳐지지 않아요. 20개월 된 아기에게도 식사 예절을 가르쳐야 하나요?

A 아기가 식사시간에 말썽을 부린다고 해도 절대 매를 들어서는 안 됩니다. 식사시간에 장난을 친다면 아기가 밥을 먹고 싶지 않다는 뜻입니다. 만약 말썽을 부린다면 "밥 다 먹었구나" 혹은 "밥 먹기 싫구나" 하고 아기의 마음을 읽어주세요. 그리고 아기를 식탁 의자에서 내려놓으면 됩니다.

아기를 내려놨는데 울고불고 난리를 친다면 "이제 밥 없어요" 하고 이야기하세요. 화를 내는 태도가 아니라 그냥 평범한 말투로 이야기해보세요.

계속 발버둥을 치면 유아안전문 안으로 들어서 옮기고 엄마가 부엌에서 일하는 모습을 아기가 지켜보도록 해도 좋습니다. 설거지하는 동안 유아안전문을 사이에 두고 거리 두기와 무반응의 아기훈육법을 적용해보시기 바랍니다. 엄마에 대한 불만이 있으면 식사시간에 말썽을 많이 부리게 됩니다. 평상시 아기와 즐겁게 놀아주세요.

자꾸 밖에만 나가자고 해요

Q 21개월 된 아기가 날이 춥고 비가 오는데도 자꾸 나가자고 해요.

A 아기가 나가고 싶어 한다면 옷을 든든하게 입히고 우산을 씌워서 밖으로 데리고 나가주세요. 21개월 된 아기에게 날씨가 춥고 비가 오기 때문에 밖에 나가면 감기에 걸린다는 말을 이해시키기는 어렵습니다. 이럴 땐 옷을 잘 입혀서 직접 자신이 비와 추위를 경험하도록 데리고 나갔다가 집으로 들어오는 기회를 주면 좋아요. 아기가 밖에 나가자고 하는 것은 비를 좋아해서일 수도 있지만 집에서 노는 게 심심하다는 뜻이기도 합니다.
만약 엄마의 사정으로 아기를 데리고 나갈 수 없다면 "미안해" 하고 계속해서 말해주세요. 아기의 서운한 감정을 가라앉힐 수 있도록 도와줍니다.

대소변을 못 가려요

Q 24개월 된 아들이 아직 대소변을 못 가려요.

A 24개월 된 아기의 대소변 가리기는 아기의 질적 운동성, 인지발달 수준과 관련이 있습니다. 질적 운동성이 떨어지면 인지발달이 정상범위에 속해도 대소변 훈

련이 늦어집니다. 야단을 치거나 계속해서 말로 설명하는 방식은 아기에게 스트레스를 주므로 도움이 되지 않습니다. 마음의 여유를 가지고 아기의 질적 운동성이 좋아지기를 기다려줘야 합니다.

아기는 질적 운동성이 24개월 수준이 되면 대소변을 가릴 수 있습니다. 그런데 생리적인 나이는 24개월이지만 질적 운동성이 자기 나이의 80% 수준인 19개월 수준일 수도 있습니다. 어린이집에서 다른 친구들이 변기에 대소변을 보는 모습도 계속해서 보여줘야 합니다.

만일 이미 강압적인 태도를 보였다면 아기의 대소변 가리기는 더 늦어지게 됩니다. 대소변을 못 가리는 것은 누구에게 해를 끼치는 행동이 아니므로 〈아기훈육〉을 적용하지 않습니다. 아기의 운동성이 24개월 수준이 될 때까지 마음의 여유를 갖고 조금만 기다려주세요. 질적 운동성이 늦되는 경우 36개월경에 대소변을 가릴 수 있게 됩니다.

무조건 싫다고 말하고 반대로 해요

Q 24개월 된 딸이 무슨 말을 해도 싫다고 해요. 오른쪽으로 가자고 하면 왼쪽으로 가는 식으로 뭐든 반대로 행동해요.

A 자기중심적인 기질로 태어난 아기를 태어나면서부터 스트레스받지 않게 키웠다면 질적 운동성이 좋아지는 24개월에 부모를 심리적으로 조정하려는 경향을 보일 수 있습니다.

오른쪽으로 가자고 하면 왼쪽으로 가고, 엄마가 앉으면 일어서라, 일어서면 앉으라고 요구해서 힘들고 속상해서 엉엉 울던 아기 엄마도 있었습니다. 아기가 원하는 대로 해줘야 아기가 스트레스를 받지 않고 사회성이 좋아질 거라는 믿음으로 아기에게 무조건 맞춰줬던 엄마였습니다.

24개월 된 아기의 행동은 특별히 나쁜 의도를 갖고 하는 행동이 아니라 자기도 모르게 반사적으로 나오는 행동입니다. 단, 아기가 하는 행동이 엄마에게 큰 불편감을 준다면 엄마는 단호하게 거절해야 합니다. 아기가 다른 방향으로 가려고 하면 아기를 안고 엄마가 가야 할 곳으로 가야 합니다. 야단을 치지 말고 가능한 한 침묵하며 발버둥 치는 아기를 안고 가야 할 곳으로 가면 됩니다.

집에서만 말을 안 들어요

Q 25개월 된 아기가 어린이집에서는 말을 잘 듣는데 부모 말은 안 들어요. 그동안 너무 오냐오냐 키워서 그런 걸까요? 24개월까지는 안 된다는 소리를 하지 말고 아기가 원하는 대로 할 수 있게 해야 한다고 해서 안 된다는 소리를 해본 적이 없습니다. 어린이집 적응은 잘하면서 집에서만 말을 안 듣는 이유를 모르겠어요.

A 인지발달이 정상범위에 속하는 24개월 아기라면 어린이집에 먼저 적응한 친구들의 행동을 모방학습하면서 새로운 환경에 적응합니다. 어린이집에서 적응한다는 말은 아기가 자기 마음대로 행동하지 않고 다른 친구들과 같은 행동을 한다는 것입니다. 즉, 건강한 눈치가 생겼다는 것이지요.
엄마가 24개월까지 자기 마음대로 해도 되는 환경을 아기에게 제공했다면 어린이집에서와 달리 집에 와서는 엄마의 말을 듣지 않을 수 있습니다. 그래서 〈아기훈육〉, 즉 아기의 감정조절능력을 향상시키는 일과 타인에 대해 건강한 눈치를 기르는 일은 출생 직후부터 시작되어야 합니다.
24개월까지 아기 마음대로 하도록 두고 안 된다는 소리를 한 번도 하지 않았다면, 아기는 집에 오는 순간 엄마를 보면 반사적으로 자기 마음대로 행동하게 되는 것입니다. 친구들과 어린이집 교사에 대해서는 건강한 눈치가 발달했지만 엄마에게는 적용되지 않은 것입니다. 지금부터 〈아기훈육〉을 잘 실행해줘야 커가면서 다른 사람들을 이해하고 타협해 갈 수 있는 자존감 높은 사람으로 성장할 수 있습니다.

혼을 내도 엉뚱한 소리만 하고 웃어요

Q 20개월 된 우리 아기의 별명은 '뺀질이', '깡패'예요. 야단을 쳐도 엉뚱한 곳을 보며 엉뚱한 소리만 하고 웃고 도망가버려요. 그럴 때마다 제 속은 부글부글합니다. 손을 몇 대 때렸는데도 금방 웃고 쳐다보고, 악을 쓰며 울다가도 1분이 안 되어 웃어요. 그런데 장난감에 대해서는 남에게 뺏길까 봐 때리거나 무는 등 과잉대응을 해요. 손가락도 빨아요.

A 아기가 손가락을 빤다는 것은 타고난 기질의 불안도가 높다는 의미입니다. 항상 상대방이 나를 공격할까 불안해하고 있을 수 있습니다.

야단을 칠 때 아기가 엉뚱한 곳을 보고, 엉뚱한 소리를 하고, 웃고 도망가는 행동은 모두 회피성이자 수동적인 공격성입니다. 양육자에게서 손을 맞고도 웃는 것 역시 마치 자신이 상처를 받지 않은 것과 같은 태도를 취하는 자기방어적인 행동입니다.

아기가 강해 보이는 사람에게는 회피성 및 수동적인 공격성을, 약해 보이는 사람에게는 적극적인 공격성을 나타내고 있습니다. 절대로 손을 때리지 마시고 아기의 '거리 두기'를 위한 유아안전문을 활용해보세요. 만일 부모가 아기의 손을 때리는 적극적인 공격성을 활용하면 아기의 타고난 공격성은 더 강화됩니다.

또래 아기들을 물었을 때도 크게 야단치고 말로 혼내지 마시고 유아안전문을 활용한 아기훈육법을 적용해보세요.

자위행위를 해요

Q 20개월 된 아기가 엉덩이를 들썩거리고 힘을 주며 자위행위를 해요. 보기 민망하기도 하고 내버려두면 안 될 거 같아 억지로 못 하게 하고 때리기도 하는데 떼를 쓰며 웁니다. 평소에도 말썽이 잦고 맘에 안 들면 떼를 써서 큰소리로 야단을 치게 됩니다.

A 아기의 자위행위는 20개월 이전에도 시작될 수 있습니다. 엄마에게는 큰 스트레스가 되는 일입니다. 자위행위를 중단시키기 위해서 아기를 때리거나 야단치는 행위는 효율적인 방법이 아닙니다.

유아의 자위행위는 심심함을 달래기 위해서 스스로 자극을 주는 것이므로 성적인 의미가 없는 단순 놀이행위와 같습니다. 아기가 심심해서 스트레스를 받았을 때나 우울한 경우에 많이 발생합니다. 우선 즐겁게 놀 수 있는 환경을 제공해줘야 합니다.

혹시 손을 때리는 행동을 하신다면 중단해주세요. 신체적인 체벌이 주어진다면 아기의 자위행위는 점점 더 심해질 것입니다.

동생을 때려요

Q 21개월 된 딸 쌍둥이 엄마입니다. 쌍둥이다 보니 잘 놀 때도 있지만 대부분 싸우며 보내는 것 같아요. 첫째는 얌체고, 둘째는 털털한 성격입니다. 둘째는 장난감을 빼앗겨도 잠깐 "앙~" 하고 말아요. 둘이 싸우면 힘들어서 둘째 것을 빼앗아 첫째에게 주곤 해요. 그랬더니 둘째가 양보하는 걸 첫째가 당연하게 여기고 때리고 못살게 굴어요.

A 양보하는 둘째 아기를 희생시키시면 안 됩니다. 빼앗는 첫째를 유아안전문 안으로 넣어보세요. 왜 엄마가 참는 둘째의 것을 빼앗아서 얌체인 첫째에게 줄까요? 쌍둥이를 낳아서 키우느라 양육자인 엄마가 많이 지치고 힘든 상태인 것 같습니다.

21개월은 아직 자기중심적인 경향이 강하므로 쌍둥이라도 사이좋게 노는 일은 매우 어렵습니다. 둘째가 첫째에게 계속 공격을 당하고, 엄마도 둘째의 것을 빼앗아 첫째에게 준다면 둘째는 지속적인 스트레스로 우울해질 가능성이 매우 높습니다.

〈아기훈육〉이 필요한 첫째를 계속 과잉보호하면 첫째의 자기중심적인 행동은 커가면서 점점 더 심해지게 됩니다. 빨리 첫째에게 〈아기훈육〉을 실행하세요.

안 된다고 단호하게 말해도 계속해요

Q 22개월 된 딸에게 단호하게 안 된다고 해도 말을 안 듣고 엄마의 눈을 똑바로 보면서 계속하거나 짜증을 내거나 때려요. 아프게 때리는 정도는 아니지만 때리는 행위 자체가 잘못이라 생각해서 팔을 잡고 강한 어조로 훈육을 하는데 그러면 품에 안겨 울어요. 이걸 반성의 의미로 생각해도 될까요?

A 현재 아기가 엄마하고 소위 '밀당'을 하는 것입니다. 팔을 잡고 강한 어조로 훈육을 해도 괜찮지만 너무 아프게 아기의 팔을 잡으면 오히려 좋지 않습니다. 차라리 '거리 두기' 아기훈육법을 잘 적용해보시기 바랍니다.

만약 단호하게 야단을 쳤을 때 아기가 엄마 품에 안겨서 운다면 아기를 안아줘도 좋습니다. 그런데 안아준 후에 아기가 다시 엄마를 때린다면 즉시 '거리 두기' 아기훈육법을 활용해야 합니다.

자기 물건을 못 만지게 해요

Q 22개월 된 딸은 순한 편입니다. 다만 친구만 집에 오면 경계를 하고 친구가 만지는 것마다 자기가 갖고 논다고 달려들어요. "내 거야", "하지 마", "아니야"라는 말을 반복하고 자기 물건을 만지지 못하게 해요. 저랑 있을 때도 "엄마 거", "내 거" 하며 구분해 말하는데 어떻게 해줘야 하나요?

A 물건에 대한 소유욕이 강한 기질을 타고난 것 같습니다. 아직 22개월이므로 친구하고 장난감을 나누면서 노는 일은 어려울 수 있습니다. 친구의 장난감만 빼앗지 못하게 하면 좋겠습니다. 그리고 어린이집에 보내서 친구들과 장난감을 같이 갖고 노는 경험을 하게 해주세요.

밖에만 나가면 통제 불능이에요

Q 22개월 된 아기가 밖에만 나가면 엄마도 신경 안 쓰고, 자기 마음대로 혼자 돌아다닙니다. 음식점을 가도 가만히 있지 않아서 밥을 못 먹을 지경이에요. 집에서는 하지 말라고 하면 안 하는데 나가기만 하면 힘들어서 데리고 다닐 수가 없어요.

A 22개월 된 아기가 밖에 데리고 나갔을 때 통제가 되지 않는다면 어린이집이나 실내놀이터를 제외하고 식당 같은 장소에는 가능하면 데리고 가지 않는 게 좋겠습니다.
새로운 시각자극에 쉽게 흥분하는 아기들이 있습니다. 이런 아기들은 밖에 나가면 새로운 시각적인 자극으로 엄마가 의식되지 않을 수도 있습니다. 부득이하게 데리고 나가야 한다면 아기의 손을 꽉 잡아서 안 된다는 메시지를 강하게 줘야 합니다.

혼자서는 아무것도 안 해요

Q 24개월 된 아기가 뭐든 혼자서는 안 하려 해요. 집에서도 손을 잡고 다녀야 하고 장난감도 혼자 가지고 오지 않아요. 소변볼 때 직접 바지를 내리라고 했더니 울고는 아예 옷에 오줌을 싸버리네요.

A 타고난 기질상 상대방을 배려하는 게 매우 힘든 아기인 것 같습니다. 아기가 말하는 대로 해주셔서 생후 24개월에 울거나 자신을 위험한 상황에 빠트려서라도 엄마를 자기 마음대로 조정하려는 태도가 이미 만들어진 것 같습니다.

오줌을 쌌을 때 야단을 치면 자신의 의도대로 엄마의 에너지가 흐트러지는 것을 알고 이제부터 자기 마음대로 할 수 있게 됐다고 아기는 판단합니다. 아기가 바지에 오줌을 싸면 아무 말도 하지 말고 관심을 두지 않는 '무반응' 아기훈육법을 써보세요. 울거나 소변을 보거나 심하면 자해를 하면서 자신을 스스로 위험한 상황에 빠트려서라도 부모를 조정하려고 한다면 일상생활 중에 자주 '거리 두기' 아기훈육법을 적용하셔야 합니다. 엄마가 흥분하고 말을 많이 한다면 아기는 자기가 이겼다고 생각합니다.

생후 24개월에 아기가 보이는 행동으로 보기에는 그 정도가 심한 편입니다. 가능하다면 전문가의 상담도 권하고 싶습니다.

아프다고 거짓말을 해요

Q 27개월 된 딸아이가 심심하거나 싫어하는 걸 시키면 갑자기 쉬를 한다고 하거나 배가 아프다고 거짓말을 해요. 거짓말하면 안 된다고 타이르기는 하는데 어떻게 대처해야 하나요?

A 27개월 된 아기는 그동안 쉬를 한다고 하거나 배가 아프다고 했을 때 엄마의 관심을 얻을 수 있었을 겁니다. 그래서 엄마의 관심을 받고 싶거나 자기가 하기 싫은 일을 피하기 위해 반사적으로 배가 아프다고 말할 수 있습니다.
생후 27개월은 "거짓말하면 안 돼"라는 말의 의미를 이해하기에는 어려운 나이입니다. 배가 아프다고 하거나 쉬를 한다고 했을 때 다른 곳으로 관심을 돌리게 해보세요. 그리고 아기 말에는 무반응으로 대하면서 엄마가 전해야 할 메시지만 반복적으로 전해보시기 바랍니다.

종일 컴퓨터를 해요

Q 32개월 된 아들이 컴퓨터를 너무 좋아해서 하루 6시간씩 해요. 컴퓨터를 끄면 난리가 나고 고집을 피웁니다. 혼자서 마우스를 클릭해 자기가 하고 싶은 게임을 하기도 해요. 너무 걱정이에요. 원래도 고집이 센 편이고, 장난감 놓고 동네 아기들과 잘 싸웁니다.

A 이 시기 아기가 컴퓨터를 좋아한다는 것은 시각적 인지가 빠르다는 뜻이기도 합니다. 말에 대한 이해보다 시각적인 인지능력이 탁월한 아기들은 컴퓨터나 스마트폰 등과 빨리 친해집니다.

정해진 시간에만 보여주고 컴퓨터 코드를 빼거나 TV 코드를 빼버리세요. 아기가 데굴데굴 구르며 운다면 야단치지 말고 "이상하다. 안 켜지네" 하고 말하면서 컴퓨터가 안 켜져서 속상하다고 연기하시기 바랍니다. 이 시기에는 아기가 20분~2시간 정도 울 수도 있습니다.

만약 아기가 컴퓨터나 스마트폰에 중독이 된 것이라면 기기들을 아예 없애버려야 합니다.

〈아기훈육〉이 끝난 후에
아기가 평상시처럼 안아달라고 손을 들어 올려요

Q 32개월 고집이 센 아기입니다. 〈아기훈육〉 후에는 안아달라고 손을 들어 올립니다. 아기를 안아줘도 될까요?

A 〈아기훈육〉을 시도했고 아기가 울음을 그친 후에 안아달라고 손을 내밀었을 때는 아기를 꼭 안아주는 강한 스킨십으로 마무리하도록 권하는 의견도 있습니다. 그러나 〈아기훈육〉 후 안아줬을 때 다시 크게 운다면 강한 스킨십은 피하는 것이 좋습니다.

이런 경우에는 토닥거려주는 정도로만 마무리하고 아기의 관심을 다른 곳으로 돌리는 것이 좋을 수도 있습니다. 안아준다면 가볍게만 안아주시고 강한 스킨십은 줄이셔도 좋겠습니다.

아기에게 안 된다고 말하면
안 되나요?

스웨덴 남자와 결혼해 18개월 아기를 둔 엄마가 어느 날 상담을 신청했습니다. 스웨덴에서 아기를 낳고 12개월까지 키우다가 한국에 왔는데 매우 혼란스럽다고 했습니다.

　비슷한 시기에 아기를 낳은 친구들과 만났을 때의 일이었다고 합니다. 아기가 만져서는 안 되는 것을 만져서 안 된다고 단호하게 이야기했는데 친구들이 아기가 마음에 상처를 입을 수 있으므로 강하게 안 된다고 말하지 말라고 했다는 것입니다.

　처음에는 친구들의 말을 흘려들었다고 했습니다. 그런데 한국에서 만난 거의 모든 엄마가 안 된다는 말을 하지 말라고 조언하는 바람에 자신만 이상한 엄마가 됐다는 것입니다. 심지어 안 된다고 말하는 양육 태도로 인해 아기의 자존감이 떨어질 수 있다고 염려했다고 합니다. 18개월 된 아기에게 단호하게 말하는 자신이 아기를 잘못 키우는 것이냐며 고민을 털어놓았습니다.

　아기 엄마는 아기의 뇌 발달에 대해 공부한 사람이었습니다. 한국에 와서 스웨덴에서는 크게 이상하다고 생각하지 않았던 점을 지적받으니 갑자기 혼란스러워지면서 본인이 혹시 아기에게 크게 잘못하고 있는 건 아닌지 불안감과 죄책감이 엄습해 걱정하다가 찾아왔다고 했습니다.

소아 관련 전문적인 지식을 가진 상태에서도 주변의 모든 사람이 내가 틀렸다고 하면 이렇게 혼란과 불안이 느껴질 수 있습니다.

친구 같은 부모가 되기 위해서 아기에게 스트레스를 주지 말고 키워야 한다는 1950년대의 양육 태도는 자기중심적인 아이들을 만들어냈고, 학교생활에서 감정조절을 못 하는 아이들로 성장했음에도 우리 사회가 아직 1950년대의 이론으로 아기들을 키운다는 사실은 너무나 안타까운 일입니다.

아기의 뇌 발달에 대한 기초 공부가 된 엄마여서 장시간 아기의 뇌 발달과 〈아기훈육〉에 대한 이야기로 육아의 방향을 잡도록 도와줄 수 있었습니다.

아기가 부모의 아킬레스건을
찌를 수도 있습니다

아무리 선천적으로 사람의 심리를 잘 읽고 체력도 좋고 행복도가 높은 부모라 해도 이상하게 자꾸 화를 내게 되는 자녀가 있을 수 있습니다. 큰아이는 화도 거의 안 내고 잘 키웠어도, 큰아이와 다른 행동 특성을 보이는 둘째 아이에겐 자기도 모르게 자꾸 야단치게 되고 자괴감을 느끼는 일이 종종 발생합니다. 올바른 훈육 태도나 여러 가지 훈육법을 잘 알고 있어도 유독 어떤 자녀에게는 머릿속 지식이 소용없는 경우가 발생합니다.

필자는 부모에게 이런 감정을 느끼게 하는 자녀를 '부모의 아킬레스건을 찌르는 아기'라고 부릅니다.

"우리 아기는 너무 착해서 내 속이 터져요."

"우리 아기는 나를 닮아서 보기만 하면 화가 나요."

"아기가 자꾸 장난을 치는데 나를 무시하는 기분이 들어요."

아기가 가지고 있는 특성은 그렇게 문제가 되지 않는데도 부모는 그저 아기의 행동이 마음에 들지 않는 경우입니다.

다른 건 다 참을 수 있어도 사람을 때리는 일은 절대로 안 된다는 가치관을 가진 부모에게 친구를 수시로 때리는 아기가 태어날 수 있습니다. 당하고는 절대 못 사는 부모에게 자꾸 양보하는 아기가 태어날 수도 있습니다. '거짓말만은 절대로 용납할 수 없다'라고 생각하는 부모에게 거짓말을 밥 먹듯이 하는 아기가 태어날 수도 있습니다.

아기 때에 보이는 특성이 성인이 되어서도 지속되는 것은 아닙니다. 그런데도 아기의 발달과정에서 나타나는 행동 중에 부모의 속을 터지게 하는 경우가 아주 많습니다. 소위 '아기와 부모가 궁합이 맞지 않는 경우'라고 표현할 수 있겠습니다.

때로는 아기가 밥을 잘 먹지 못하거나 자주 아프거나 심한 발달 지연을 보이면 우울증을 경험하게 되는 부모도 있습니다. 아기가 일부러 부모를 괴롭히려고 안 먹는 것도 아니고 심한 발달 지연 역시 아기의 선택이 아닌데도 '이 아기 때문에 못 살겠어요'라고 느낄 정도로 고통을 느낍니다.

아들을 하나 둔 50대 후반의 중년 남성과 이야기를 나눈 적이 있었습니다. 아들이 26살이 될 때까지는 보기만 해도 속이 뒤집어져서 일 핑계를 대고 매일 집에 늦게 들어갔다고 고백했습니다. 크게 문제를 일으키는 아이도 아니었는데도 볼 때마다 괜히 화가 치밀었는데 잘 성장해서 대학도 졸업하고 군대도 무사히 마치고 취직하자 아들 얼굴을 봤을 때 화가 덜 났다고 합니다.

성장하면서 크게 문제를 일으키지 않고 자란 아들인데도 어릴 때 괜히 화가 났던 이유가 무엇이었을까요? 어떤 이유로건 아버지가 아들에게서 에너지를 얻을 수 없었기 때문입니다.

두 아이를 둔 50대 초반의 또 다른 아버지는 다음과 같이 고백했습니다.

"저와 제 동생은 부모님이 많이 도와주지 못하셨지만 항상 열심히 공부해서 1등을 놓치지 않았어요. 대학도 알바를 하면서 우수한 성적으로 마칠 수 있었고요. 제가 사업에 성공해서 제 아들의 교육에는 비용을 많이 투자하는데 제 아들은 1등을 하지 못했어요. 왜 저처럼 끈기가 없는 것인지 답답해 자꾸 잔소리를 했었던 것 같아요."

이렇듯 차마 남들에게는 말하기 어렵고 스스로도 그 이유를 잘 알지 못하지만 그냥 아이만 보면 속이 뒤집어지는 부모가 적지 않습니다.

이런 경우 아이의 작은 잘못에도 감정적으로 매우 심하게 야단을 치는 바람에 배우자까지 스트레스를 받게 됩니다. 아이에게 아킬레스건이 찔리게 되는 부모는 아이를 칭찬하는 일도, 다정하게 스킨십을 하는 일도 매우 어렵게 느껴집니다. 특별히 아이가 야단맞을 만한 행동을 하지 않는데도 못마땅하게 느껴지는 것은 부모에게도 큰 고통입니다.

아기 때문에 화가 나고 감정조절이 어렵거나 배우자로부터 아기를 지나치게 훈육한다는 지적을 받는다면 도대체 어떤 경우에 화가 나고 어떤 마음이 드는지 스스로 세밀히 분석해보는 일이 필요합니다. 아기가 나를 화나게 하는 것이 아니라 아기의 행동에 내 아킬레스건이 찔려서 화가 나는 것일지도 모른다는 사실을 깨달아야 합니다. 그리고 스스로 들춰내고 싶지 않은 자신의 아킬레스건을 자세히 살펴봐야 합니다.

이럴 때는 아기의 훈육보다 우선해서 부모 자신의 심리를 치료하고 안정시켜야 합니다. 내 아기는 나를 힘들게 하는 존재가 아니고 내가 인정하고 싶지 않았던 나를 알게 해준 효자일지 모릅니다.

아기가 예쁜 짓을 할 때는 다가가고,
고집을 부릴 때는 멀어지세요.
부모가 아기에게서 멀어질 때,
아기는 "어?" 하면서
자기가 하는 행동을 돌아보게 됩니다.
아기도 부모를 배려할 수 있어야
부모와 자녀 간에 안정적인 애착이 형성됩니다.

이 시기의 아기가 스트레스를 받지 않아 안정적인 상태일 때는 "식당에서 조용히 있으면 집에 올 때 젤리를 줄게"라는 조건부 문장을 이해할 수 있습니다. 하지만 막상 식당에 가면 엄마와 했던 약속을 기억하지 못합니다. 48개월 이전의 아기는 스트레스 상황이 발생하거나 너무 좋아서 흥분하면 "아까 엄마랑 어떻게 약속했지? 식당에서 조용히 있어야 젤리를 준다고 했지?"라고 말을 해도 '뚜, 뚜, 뚜, 뚜' 하는 소음으로 들릴 가능성이 높은 시기입니다.

생후 33개월 이후에 말이 문장으로 트였어도 스트레스 상황에서는 상대방의 입장을 배려하는 대화가 가능하지 않을 수 있습니다. 그래서 말도 잘하고 말귀를 다 알아들으면서도 억지를 쓴다고 생각한 엄마가 크게 화를 내기도 합니다. 게다가 아기의 덩치가 커지고 질적 운동성이 향상되므로 엄마가 스트레스 상황에 있는 아기를 안아 올리기 힘들어집니다. 따라서 이 시기에는 아기의 언어이해력을 잘 파악해야 하고, 엄마의 감정조절에 힘써야 합니다. 그리고 언어이해력이 늦되는 아기와는 가능하면 약속을 하지 마세요.

4장

생후 33~48개월
〈아기훈육〉

생후 33~48개월 아기의 발달 특성

아기의 시각 인지발달 특성

한글 단어를 읽거나 영어의 ABC를 읽을 수 있는 것은 언어이해력이 아니라 시각적인 인지능력의 영향입니다. 아기가 한글이나 알파벳에 흥미를 보인다면 가르쳐줘도 좋습니다.

시각적인 인지능력이 탁월한 아기에게도 어린이집 활동을 통해서 사람에게 관심을 갖고 친구와 선생님을 배려할 수 있는 〈아기훈육〉의 기회를 제공해야 합니다. 나중에 커서 뛰어난 시각적인 인지능력과 관련한 직업을 가진다고 해도 사람들과의 관계에는 상대방을 이해하고 감정을 조절할 수 있는 능력이 꼭 필요하기 때문입니다.

아기의 청각 인지발달 특성

언어이해력이 늦되어서 노래 가사의 의미를 정확하게 이해하지 못해도 반복해서 듣는 노래의 문장은 청각적 인지로 그대로 외워 따라 부를 수도 있습니다.

동요를 잘 따라서 부른다고 해서 언어이해력에 문제가 없다고 판단하면 안 됩니다. 마치 우리가 영어 가사의 의미를 몰라도 팝송을 반복해서 들으면 따라 부를 수 있듯이 아기들도 동요를 반복적으로 들으면 동요에 나오는 문장의 의미를 모르면서도 가사를 정확하게 따라서 부를 수 있습니다. 가사의 문법적인 의미를 몰라도 청각 인지능력이 정상범위에 속한다면 따라 부를 수 있기 때문입니다.

동요 가사의 의미를 이해하지 못해도 동요를 따라 부를 수 있듯이 언어이해력이 다소 늦되어도 시각적 및 청각적 인지발달에 지연을 보이지 않는다면 어깨너머 모방이 가능하므로 또래 집단에서의 적응이 가능합니다.

외국에서 살다 와서 한국어에 대한 언어이해력이 늦되어도 만 5세 미만의 아기들은 대부분 어린이집이나 유치원에 적응할 수 있습니다. 또래 집단을 통한 학습의 많은 부분에 시각적 및 청각적 인지가 필요하기 때문입니다. 사람에 대한 친밀도가 형성되어 있는 경우에는 문장으로 된 말을 잘 이해하지 못해도 시각적 및 청각적 인지능력이 필요한 건강한 눈치로 또래 집단에서의 적응이 가능합니다.

아기의 언어이해력

아기의 언어이해력은 빠른 속도로 향상합니다. 아기가 조건부 문장을 이해할 정도의 언어이해력을 갖게 되므로 〈아기훈육〉을 할 때 간단한 문장을 반복적으로 말해주면 도움이 됩니다.

언어이해력이 지연된다면(언어이해력 수준이 나이의 70% 미만인 경우) 조건부 문장보다는 한 단어나 간단한 문장에 몸동작을 더해서 양육자의 의도를 전하는 〈아기훈육〉을 실행해야 합니다.

아기의 언어표현력

아기가 말을 잘해도 상황에 맞는 어휘력을 활용하기 어려운 경우가 많습니다. 특히 스트레스 상황에서 아기가 마음을 표현할 때 "엄마 미워", "엄마 죽어"와 같은 표현은 엄마의 행동이 마음에 들지 않아서 속상하다는 표현으로만 이해해야 합니다.

말이 빨리 트이면 말로 억지 논리를 펴거나 양육자에게 상처 주는 말을 할 수도 있습니다. 아직 언어표현력이 미숙하기 때문이므로 "어디 엄마한테 그런 말을 해!"라고 생각하고 크게 야단칠 필요는 전혀 없습니다.

문장으로 말이 트인 후에 미운 말이나 억지 논리를 펼 때는 '무반응' 아기훈육법을 쓰시거나 다른 곳으로 화제를 돌리시면 됩니다.

아기의 기질과 친밀도, 흥미도

자기 마음대로 몸을 움직일 수 있는 질적 운동성이 좋아지는 시기입니다. 이 시기의 아기는 세상을 탐구하고 싶은 강렬한 호기심과 이를 제지하는 엄마에 대한 반항심, 또래 친구에 대한 모방심, 질투심 등 다양한 감정이 폭발합니다.

이때 언어이해력이 뛰어나고 순한 기질의 아기에게는 지금 상황에서 요구되는 규칙과 엄마의 입장을 말로 설명하는 게 가능합니다. 아기와 협상 및 타협이 가능해지므로 육아가 한결 쉬워질 수 있습니다.

반면에 타고나기를 감정조절능력이 약한 아기는 체격도 커지고 자기 몸을 목적에 따라서 민첩하게 움직일 수 있으므로 엄마가 따라올 수 없을 정도로 멀리 도망가거나 더욱 격하게 화를 낼 수도 있습니다.

친밀도가 떨어지지 않더라도 흥미 있는 일이 생긴다면 엄마의 말이 잘 들리지 않는 시기이기도 합니다.

아기의 운동발달

생후 33~48개월에는 몸을 움직일 때 큰 근육을 쓰는 민첩성과 순발력 등은 좋을 수 있으나 단추를 끼우거나 젓가락질을 정확하게 할 정도의 손 조작능력은 미숙할 수 있습니다. 혼자서 신발을 신거나 장갑을 끼는 등의 행동은 시간이 걸려도 기다려줄 수 있다면 아기가 혼자 수행할 수 있습니다. 하지만 부모 대부분은 아기의 느린 동작을 기다려주기 매우 힘들어 합니다.

아기의 큰 근육 질적 운동성의 향상과 손 조작 질적 운동성의 향상을 위해서는 아기에게 혼자서 신발을 신고 벗거나 혼자서 단추를 끼우거나 혼자서 음료수의 뚜껑을 따는 기회를 준 다음, 기다려주는 여유가 필요합니다. 또한, 아기의 손 조작 질적 운동성을 고려해서 스스로 밥을 먹고, 옷을 입고 벗고, 신발을 신고 벗고, 장난감을 정리하는 일 등을 하도록 도와줘야 합니다. 아기가 혼자서 신발을 신고 벗다가 짜증을 낼 때 스트레스받지 않게 해주려고 신발을 신겨주고 벗겨주거나 옷을 입혀주고 벗겨주는 것은 되도록 하지 말아야 할 양육 태도입니다.

질적 운동성이 미숙하면 아기가 물건을 나르다가 떨어트리거나 설거지통에 밥그릇을 놓을 때 소리를 크게 내며 떨어트리는 일이 발생할 수 있습니다. 의도적으로 문제를 일으킨 게 아니라면 질적 운동성이 미숙해서 발생한 실수이므로 크게 야단치기보다는 아기의 안전을 우선 확인하고 심리적으로 안정시켜서 다시 실수하지 않는 방법을 알려주는 것이 중요합니다.

생후 33~48개월 아기의 스트레스 행동에 따른 부모의 느낌과 반응

아기의 스트레스 행동

33개월이 지나면 몸집이 커지고 스트레스를 받았다는 표현을 10대 아이들이 반항하듯 격하게 하기도 합니다. 아기가 너무 격한 반응을 보이면 양육자는 '내 아기가 정상일까?' 하는 불안한 마음이 들기도 합니다. 아기가 보일 수 있는 다양한 스트레스 행동을 미리 알아두면 덜 당황할 수도 있습니다.

생후 33~48개월 아기들은 원하는 바가 이뤄지지 않아 스트레스를 받으면 다음과 같은 반응을 보입니다.

- **울기:** 큰 소리로 운다, 계속 징징거린다, 흐느낀다 등
- **소리 지르기:** 소리를 지르며 울고 무작정 안아달라고 한다, "싫어" 하고 소리 지른다, "에에엑" 하면서 소리 지른다, 짜증 낸다, "햄버거 먹고 싶어" 하는 식으로 반복적으로 소리를 지른다 등
- **몸 움직이기:** 베개 등을 내리치고 누웠다 엎어졌다 몸부림을 친다, 무조건 주저앉고 심할 땐 바닥에 드러눕고 운다, 혼자 방에 들어가서 문을 잠근다, 숨는다, 손가락을 빤다 등
- **자해하기:** 울면서 얼굴이나 다리 등을 할퀴듯 긁거나 잡아 뜯고 앉아서

228

발을 차며 악을 쓴다, 머리를 바닥에 박는다 등

- **상대방 때리기:** 가만히 있는 누나에게 가서 머리를 잡아당기거나 꼬집으며 화풀이한다. 물건을 이리저리 헤집고 던지기도 한다. 장난감을 던지거나 바닥을 내리친다. 던지고 발로 차고 때린다. 국을 엎어버린다. 사정없이 엄마를 때린다 등

- **웃기:** 깔깔대면서 계속 웃는다(선천적으로 스트레스 상황에서 미소를 짓거나 웃는 아기들이 있으므로 당황하거나 양육자를 무시하는 행동이라고 오해하지 않기) 등

아기가 태어나서 3년 동안 스킨십도 자주 하고, 스트레스를 받는 상황이면 공감해주면서 안 된다는 소리도 하지 않고 키웠는데도 격한 반응을 보이면 엄마는 갑자기 신체적인 체벌을 합니다. 그렇게 체벌을 한 후 자괴감에 빠지기도 합니다. 공감해줘야 한다는 양육 태도를 계속 지키고 싶은 마음과 신체적인 체벌을 가해서라도 버릇을 들여야 하는 게 아닌가 하는 생각 사이에 갈등이 일고, 때론 서로 다른 주장을 하는 엄마와 아빠 간의 갈등이 깊어지기도 합니다.

타고나기를 순한 기질의 아기도 2년 반에서 4년 정도의 시간 동안 자기 마음대로 행동하는 환경이 주어지는 경우 부모를 배려할 필요가 없다는 신경망이 만들어지므로 점점 더 자기중심적인 모습을 보이게 될 수 있습니다.

엄마의 느낌과 반응

아기가 심한 스트레스 행동을 나타낼 때 엄마는 다음과 같이 느끼고 반응합니다.

- 말로 위로하면서 안아주거나 알아듣지 못할 때는 큰소리로 화내기도 한다.
- 도대체 어떻게 해줘야 하며 어떻게 훈육을 해야 할지 답답하고 막막하다.
- 속상하다. 육아서적대로 해봤지만 어색하기도 하고 그다음 솔루션이 없어 갈피를 잡기가 힘들다.
- 아기가 내는 소리에 귀가 아프다. 스트레스를 받지만 아기의 싫다는 의사를 존중해주고 싶어 응해준다. 미안하다고 사과도 한다.
- 똑같은 말도 화가 나는 날에는 "때리는 건 절대 안 돼. 그런 사람은 우리 집에서 같이 지낼 수 없어" 하는 식으로 고함을 치게 된다.
- 속상하다. 어찌해야 할지 모르겠다.
- 남자아기라서 그런지 발로 차거나 머리로 얼굴을 박으면 매우 아프고 힘들다. 그 순간엔 정말 열 받아서 나도 모르게 아기를 때릴 때가 있다.
- 처음에는 귀엽고 안쓰럽다. 그러나 짜증이 길어지면 듣기 싫다는 생각이 든다.
- 감정조절이 잘 안 된다. 화가 나고 이해가 안 되고 무관심한 태도를 보이게 된다.

생후 33~48개월의 아기 엄마들은 오랜 육아에 이미 지쳐 있습니다. 몸집이 커지고 힘이 세진 아기가 스트레스 행동을 하면 신체적으로 더 쉽게 지칩니다. 그래서 화를 내고 소리를 지르거나 야단을 치는 경우가 많아지기 시작하는 시기입니다.

아빠의 느낌과 반응

아기가 심한 스트레스 행동을 나타낼 때 아빠는 다음과 같이 느끼고 반응하게 됩니다.

- 예전엔 아기의 욕구가 해소되도록 들어주거나 달래줬으나 요즘은 잘못된 행동을 반복하지 않도록 약간 아프게 손 또는 발을 꼭 잡고 "그러면 안 돼! 또 그러면 혼난다"라고 말해준다.
- 엄하게 훈육을 한다. 방으로 들어가 벽 앞에 세우고 잘못을 지적하고 혼낸 후 안아준다.
- 다시 그런 행동을 하지 못하도록 엉덩이를 때려주고, 또 그러면 혼난다고 겁을 준다.
- 아기가 소리 지르며 싫어하는 모습을 보면 당황스럽고, 내가 모자란 부모가 아닌지 자책감이 든다.
- 놀라서 아기에게 소리를 치는 자신이 한심하다.
- 대부분은 이해시키고 말로 타이르지만, 너무 심하면 울게 놔둔다.

아빠는 아기가 크게 떼를 쓰는 모습을 보면 당황하고 부족한 아빠라는 자괴감을 느끼기도 합니다. 자괴감이 심해지면 아기에게 혼낸다고 협박하거나 실제로 혼내는 경우가 많아집니다. 덩치가 커진 아기가 심하게 떼를 부려서 힘들어하는 아내를 도와주기 위해 더 크게 화내기도 한다는 말을 많이들 합니다.

아주 어릴 때는 아기의 울음에 크게 스트레스받지 않던 아빠도 아기가 커가면서는 아기의 스트레스 행동에 엄마보다도 더 크게 스트레스를 받습니다.

　남편이 크게 스트레스를 받아서 아기에게 소리를 지르거나 신체적인 체벌을 가하면 부부간의 갈등이 더 심해지는 시기이기도 합니다. 부부 모두 아기 양육에 지쳐간다고 할 수 있습니다.

생후 33~48개월
〈아기훈육〉에 성공하려면

생후 33~48개월에는 남을 해치거나 자신을 다치게 하는 행동을 허용할 수 없다는 메시지를 다양한 아기훈육법을 활용해서 아기에게 지속적으로 전달해야 합니다.

33개월에는 아기가 기분이 좋은 상태에서는 조건부 문장을 이해할 수 있습니다. 또래 친구들의 행동을 관찰할 기회를 주면서 모든 상황에는 규칙과 규율이 있음을 간단한 문장으로 알려줘야 합니다. 언어이해력이 늦되어도 간단한 문장을 반복적으로 설명하면 건강한 눈치를 통해서 이해할 수 있습니다.

기분이 좋은 상태에서는 부모의 말을 이해하지만 스트레스 상황에서는 감정조절을 하지 못하면 부모에게서 들은 규칙을 기억해내지 못합니다.

기분 좋은 상태에서 부모와 한 약속은 기억하지만 지키기는 아직 어려운 시기입니다. 아기에게 규칙을 설명하고 보상과 벌칙을 같이 상의하면서 말로 훈육하는 '아이훈육'은 아직 어렵습니다. 간단한 문장으로 반복해서 설명하고 갈등이 일어난 상황에서는 즉시 행동으로 하는 〈아기훈육〉이 필요한 시기입니다.

언어이해력이 얼마나 늦되는지 살펴보세요

시각적인 인지능력은 정상범위에 속하거나 탁월한데 언어이해력이 늦되는 아기들은 얼마나 늦는지 잘 살펴봐야 합니다. 언어이해력이 좀 늦어도 시각적인 인지능력과 청각적 인지능력에 지연이 없으면 어린이집에 가서도 반복되는 일상생활에서 기대되는 행동이 무엇인지 빨리 파악하고 다른 친구들이 하는 행동을 보며 모방하는 '어깨너머 학습능력'에서도 어려움을 보이지 않게 됩니다. 이러한 모습 때문에 양육자는 아기의 언어이해력이 충분하니 길게 설명해도 아기가 잘 이해할 것이라고 생각합니다.

하지만 긴 문장으로 된 책을 읽어주거나 양육자가 말을 길게 할때 눈을 맞추지 않고 흥미를 보이지 않는다면 아기의 언어이해력이 늦되는 경우일 수 있습니다. 이런 아기에게는 스트레스 상황에서 말을 길게 하는 것은 자제해야 합니다.

아기의 언어이해력이 우수하다면 문제 상황을 예방하기 위한 설명을 길게 해줘도 좋습니다. 하지만 막상 스트레스 상황이 발생한다면 반복적으로 짧은 문장으로 이야기해주는 것이 좋습니다.

충동적으로 반응하지 않도록 주의해주세요

선천적으로 충동적인 기질, 즉 감정조절이 잘 안 되는 자기중심적인 아기를 〈아기훈육〉할 때는 양육자가 더 주의해야 합니다.

충동적인 기질의 아기일수록 엄마가 스트레스 상황에서 감정조절을 어떻게 해야 하는지 본보기가 돼줘야 합니다. 아기와 엄마 모두 함께 감정조절능력을 잃게 되면 효율적인 〈아기훈육〉은 어렵습니다.

이 시기에는 행동도 빨라지고, 말귀도 알아듣고, 말을 잘하기도 하므로 엄마는 아기가 다 컸다고 느낍니다. 아기가 말을 안 듣고 도망가거나 일부러 실실 웃거나 부모를 공격하는 말을 하면 '아기가 날 무시하는 것 같다', '아기가 일부러 날 힘들게 하려고 문제를 일으키는 것 같다'라는 생각을 하기도 합니다. 이런 마음이 들면 엄마는 화가 나면서 자괴감에 빠지고 감정을 조절하지 못하는 경우가 잦아집니다. 아기와 엄마 모두 화가 나는 감정을 조절하지 못하면 아기와 엄마 간의 힘겨루기가 시작되면서 육아 전쟁이 일어납니다.

덩치도 커지고 힘도 세져서 순간적으로 많이 컸다고 느껴져도 아기는 고작 서너 살일 뿐이라는 걸 기억해야 합니다. 심하게 화를 내거나 체벌이라도 하고 싶은 기분이 들 수 있습니다. 하지만 어떤 경우에라도 신체적인 체벌이나 협박은 안 됩니다. 신체적으로 체벌하면 아기가 말을 듣는 것처럼 보이지만 화가 나는 감정을 잠시 억누르고 있을 뿐, 커가면서 스트레스 상황에서 스스로 감정을 조절하기가 더 어려워집니다.

공공장소에서 〈아기훈육〉은 이렇게 하세요

공공장소에서 아기가 자해하거나 다른 사람을 공격했을 때는 바로 그 자리를 떠나서 집으로 데리고 오는 것이 가장 좋지만 그렇게 하기 힘든 경우가 있습니다. 사람이 많은 곳이나 공공장소에서 아기를 훈육해야 할 때는 다음과 같은 방법을 활용해 보세요.

- 아기의 어깨를 잡고 "엄마 눈 보세요" 하고 말하며 1~2초 정도 눈을 맞추라고 요구한다. 이때 아기가 움직이지 않게 몸을 잡을 수 있는 체력이 있어야 한다.
- 아기를 조용한 곳으로 데리고 간다.
- 아기의 양팔을 잡고 스스로 기분을 가라앉힐 때까지 기다린다.
- 아기가 상황을 회피하려고 소변이 마렵다고 하거나 배가 아프다고 하면 당황하지 말고 "조금 있다가!" 하고 말한다. 아기가 정말 소변이 마려운 것 같으면 가서 소변을 보고 오라고 이야기하고 기다린다. 아기가 옷에 소변을 봤다 해도 당황하지 말고 천천히 아기의 옷을 갈아입히고 상황을 정리한다.
- "친구를 때린다면 다시는 놀이터에 올 수 없어" 등 아기의 행동에 대한 결과에 대해서 반복적으로 이야기해준다.
- 화가 나는 감정을 아기가 가라앉혔다고 생각되면 다시 공공장소로 데리고 온다.
- 공공장소에서 또 문제행동을 하면 다시 아기를 조용한 곳으로 데리고 가서 같은 과정을 밟는다.

〈아기훈육〉은 때리거나 소리치는 것이 아니고 엄마의 의도를 아기에게 지루하리만큼 반복적으로 알려주는 일입니다.

시청이나 주민센터 같이 사무적인 일을 보는 공공장소에는 가능하면 아기를 데리고 가지 않는 게 좋습니다. 그리고 공공 놀이장소는 아기를 놀게 하려고 방문한다기보다는 〈아기훈육〉을 하는 기회로 활용해야 합니다. 아기가 말썽을 부릴지도 몰라서 공공 놀이장소에 데리고 가는 것을 주저하기보

다는 아기를 자주 데리고 다니면서 여러 상황에 따라 적절하게 〈아기훈육〉
을 해볼 수 있는 좋은 기회라고 생각하세요. 공공장소에서 일하는 직원들과
주변의 다른 아기 부모들도 〈아기훈육〉을 하는 데 큰 도움을 줄 수 있습니다.

생후 33~48개월 아기훈육법

아기가 적극적인 공격성을 보이면 다음과 같은 아기훈육법을 활용하세요.

거리 두기, 무반응

아기가 스트레스 상황에서 상대방을 때리거나 자해하는 등 공격적인 태도를 보인다면 '거리 두기'와 '무반응' 아기훈육법을 적용해보기 바랍니다.

이 시기에 몸으로 상대방을 공격하거나 심하게 자해를 하는 아기는 '내가 힘이 세다는 것을 보여주면 포기할 거야'라고 생각하는 경우가 많습니다. 이런 아기에게 '엄마, 아빠가 힘이 더 세다는 걸 보여줄게'라는 마음으로 상대하면 결국 신체적인 체벌을 하거나 심하게 화를 내게 되므로 조심해야 합니다. 아기가 매우 거친 행동으로 스트레스를 표현할 경우 '네가 그렇게 행동한다면 나는 저기로 가서 좀 생각을 해야겠어'라는 메시지를 전하는 '거리 두기'와 '무반응'의 아기훈육법을 적용하길 바랍니다. '화가 나는 감정은 혼자서 다스리도록 해. 엄마는 지금 매우 바빠!'라는 메시지가 전달되도록 거리를 두고 마치 매우 바쁜 척하면서 소리가 나지 않는 집안일을 해도 좋습니다.

이 시기의 아기들은 버둥대며 크게 울다가 잠시 다른 곳을 쳐다보며 숨을 고르고, 또다시 울다가 쉬다가 하면서 어떻게 해야 엄마가 자신에게 다가와서 자신이 원하는 대로 행동해줄지를 고민합니다.

그렇게 스스로 감정을 조절하는 데까지 2시간 정도의 시간이 걸릴 수도 있습니다. 2시간이 걸렸더라도 아기가 감정을 추스른 후라면 아기에게 다가가서 마치 아무 일이 없었다는 듯이 상호작용을 시도해도 괜찮습니다.

반복적으로 메시지 전달하기, 단호한 표정으로 쳐다보기

엄마가 단호한 표정으로 전하고 싶은 메시지를 반복해서 이야기해주는 것입니다. 간단한 문장은 이해할 수 있으므로 "동생을 때리면 안 돼요", "동생을 때리지 않으면 아이스크림을 줄게요"라는 말을 수십 번 반복하는 식입니다.

처음에는 엄마의 말이 아기의 귀에 '뚜, 뚜, 뚜, 뚜' 하는 소리로 들리지만 반복해서 이야기하면 조금씩 엄마의 말이 입력되면서 자신의 행동을 돌아봅니다.

●

수동적인 공격성을 가진 아기는 하지 말라는 엄마의 말을 피해서 멀리 도망가거나 못 들은 척하거나 다른 말을 해서 엄마의 관심을 돌리려고 합니다. 멀리서 바라보면 크게 문제를 일으키지 않는 아기로 느껴지지만 아기의 행동을 제지해야 하는 엄마 입장에서는 속이 터지고 어떻게 해야 할지 혼란스러울 수 있습니다. 아기가 회피적·수동적 공격성을 보이면 몸을 잡고 가만히 쳐다보며 안 된다는 사인을 주는 '신체 구속하기', '유아안전문 활용하기' 아기훈육법을 시도해보기 바랍니다.

신체 구속하기

아기의 어깨나 상체를 지그시 잡고 몸을 움직이지 못하게 한 후, 눈을 맞추면서 엄마가 전달하려는 메시지를 전하면 됩니다. 아기의 몸을 구속하고 눈을 쳐다보면서 아무 말을 하지 않아도 아기에게는 엄마의 의도가 전달될 수 있습니다.

엄마가 아기의 몸을 구속할 때 아기의 신체 일부가 부드럽게 눌리는 감각은 순간적으로 아기의 감정조절을 돕고 엄마를 더 의식하게 만드는 효과가 있습니다. 체벌의 의미를 담은 신체 구속이 아니라 엄마가 아기에게 메시지를 전달하려는 의도가 담긴 신체 구속이어야 합니다.

유아안전문 안으로 넣기

아기를 안아 올릴 수 있다면 유아안전문 안으로 넣으면서 안 된다는 메시지를 전달합니다. 유아안전문 안으로 넣은 것만으로도 안 된다는 메시지는 충분히 전달됩니다. 이 시기의 아기들은 간단한 말귀를 알아들으므로 공격성을 보일 때마다 유아안전문 안으로 들어가게 된다는 것을 말로 설명해도 됩니다.

어린이집에서 친구를 밀치고 때려요

Q 35개월 된 아들을 둔 엄마입니다. 어린이집 선생님이 아기가 친구들을 너무 때린다고 얘기하시더군요. 평소 친구들을 좋아하고 먼저 다가가서 말도 걸고 잘 놀아요. 그러면서도 가만히 있는 친구를 괜히 밀거나 때리곤 해서 저도 몇 차례 주의를 줬어요. 아기를 엄하게 키우고 체벌도 하는 편인데 그게 문제인 걸까요?

A 35개월 된 아기가 또래 친구를 때린다면, 그 즉시 어린이집에서 엄마에게 연락을 주고 집으로 돌려보내달라고 말해도 좋습니다. 엄마는 "친구를 때리면 어린이집에 갈 수가 없다"라고 부드럽게 말해줍니다.

만일 맞벌이 부모이거나 둘째가 있어서 집에 데려오는 일이 힘들 수도 있습니다. 그런 경우에는 어린이집 선생님에게 〈아기훈육〉을 해달라고 하면 됩니다. 내 아기와 맞은 아기들을 3~5분 정도 분리해서 화가 나는 감정을 스스로 추스를 기회를 주는 '거리 두기' 아기훈육법을 적용해달라고 하십시오.

어린이집에서 내 아기가 문제행동을 한다는 말을 듣는 것처럼 큰 스트레스는 없습니다. 하지만 속상하다고 아기를 엄하게 대하고 체벌한다면 아기는 집에서 받은 스트레스를 어린이집의 약한 친구들을 때리면서 풀 수도 있습니다. 그리고 집에서 말로 타이르는 아기훈육법은 아기의 행동 수정에 도움이 되지 못합니다. 아기에게 말로 타이르면 기억할 것이라고 하기에는 아직 이른 시기입니다.

엄마가 35개월 된 아기를 엄하게 체벌한다면 아기의 공격적인 성향은 더 강해집니다. 집에서는 즐거운 경험을 더 하게 해주시고 〈아기훈육〉은 어린이집 선생님의 도움을 구하는 것이 현명한 방법입니다.

툭하면 아기가 울어요

Q 36개월 된 딸이 집에만 있어서 그런지 툭하면 울어요. 남편은 다 들어주는 편이고 저는 반대인데, 남편은 제가 아기 기를 죽여서 그러는 거라고 해요. 아기가 너무 소심하고 내성적인 것도 걱정이 됩니다.

A 특별히 스트레스받을 일이 없는데도 운다면, 36개월 이전에 아기가 울거나 징징댈 때 원하는 대로 다 들어줬거나 너무 엄하게 대했을 가능성이 큽니다.

아기가 과잉보호로 인한 심리적인 의존성으로 운다면 아빠의 심리에 호소하는 행동일 것입니다. 반면, 평상시에 엄마에게 심하게 야단을 맞은 경험이 있다면 아기의 울음은 아빠에게 도와달라는 호소일 수도 있습니다.

엄마가 너무 엄하게 양육해 아기의 기를 죽인다고 남편이 이야기한다면 자신의 태도도 한번 점검해보시기 바랍니다. 우선 거실에 마이크가 달린 CCTV를 설치해보세요. 아기를 대하는 엄마와 아빠의 태도를 모니터링해보면 적합한 방법을 찾는 데 도움이 됩니다. 아기가 많이 컸으므로 가능하면 부부가 상의해 같은 방식의 아기훈육법을 적용하면 좋겠습니다.

아기가 질문을 너무 많이 해요

Q 37개월 된 딸아기가 다른 발달은 다 정상인데 말이 조금 늦게 트였
어요. 말이 트인 후 "왜?"라는 질문을 너무 많이 합니다.

A 아기가 말이 트인 후에 "왜?"라는 질문을 반복적으로 한다면 말로 엄마와 소통
하고 싶은 심리일 가능성이 높습니다. 그동안 엄마하고 말로 소통하지 못하다가
자신이 "왜?"라고 물었을 때 엄마가 답을 해주는 상호작용이 너무 재미있다고
느껴질 수 있기 때문입니다.

엄마가 피곤하거나 아기가 너무 반복적으로 물을 때는 "잠깐만!" 하고 말해주면
서 관심을 다른 곳으로 돌려줘도 됩니다. 답변을 해주지 않는다고 아기가 화를
내도 마찬가지로 "잠깐만!" 하고 말하면서 해야 할 집안일을 해도 좋습니다.

아기의 "왜?"라는 질문에 매번 반응을 해주면 습관적으로 "왜?"라는 질문으로
만 엄마하고 상호작용하려고 할 수 있습니다. 적절히 반응해주시고 때로는 적절
히 무반응을 해주셔야 합니다.

동생이 태어나자 퇴행행동을 해요

Q 38개월 된 큰아들이 자라면서 기고 걷고 말하는 것이 조금씩 늦었
어요. 그런데 동생이 태어나자 기고 걷고 하는 동생의 행동을 많이
따라 하고 퇴행현상을 보여요. 동생을 괴롭히기도 합니다.

A 동생이 태어나기 전까지 큰아이는 부모의 관심과 사랑을 독차지했을 겁니다.
38개월 된 아기가 동생이 태어난 후 퇴행행동을 보이는 것은 정상 발달과정으

로 볼 수 있습니다.

하지만 동생을 계속 괴롭힌다면 바로 그 순간 형을 안아서 유아안전문 안으로 넣거나 동생을 유아안전문 안으로 넣어주세요. 2~3분 정도 아기를 동생과 분리한 후에 동생을 괴롭히지 말라고 부드럽고 단호하게 메시지를 전달하세요. 그리고 유아안전문에서 나오게 하면 됩니다.

아기가 나오자마자 동생을 또 괴롭히면 화내지 말고 다시 조용히 안아서 유아안전문 안으로 넣고 같은 메시지를 반복해서 전달하세요. 그렇게 2~3분 분리한 후 다시 꺼내주세요. 이러한 과정을 네 번 정도 반복하면 행동 수정 효과를 볼 수 있습니다.

형의 운동발달이 전반적으로 느렸는데 동생은 느리지 않다면 어린 동생이지만 동생의 민첩한 움직임이 형에게 공격적으로 느껴질 수도 있습니다. 가능하면 하루에 30분 정도는 둘째가 없는 상황에서 큰아이하고만 시간을 보내면 좋겠습니다. 아기훈육법을 적용하기 전에 아기가 충분히 행복한 생활을 하고 있어야 하기 때문입니다.

큰아이만 데리고 마트를 다녀오면 큰아이에게는 동생과 분리되어 엄마를 독차지했다는 경험이 되므로 놀이치료의 효과를 볼 수 있습니다.

엄마를 때려요

Q 38개월 된 딸아이가 말이 빨리 트였는데 화만 나면 "엄마 나빠!" 하고 소리 지르면서 엄마를 때립니다.

A 혹시 38개월까지 아기가 스트레스받지 않게 키우셨나요? 아니면 아주 잘 대해주다가 힘들어지면 갑자기 아기에게 욱하는 양육 태도를 보이셨나요? 그리고 아기가 "엄마 나빠!"하면서 엄마를 때릴 때 어떻게 반응하셨을까요?

만일 과잉보호도 하지 않았고 욱하는 태도도 보이지 않았다면 아기가 말하는 "엄마 나빠!"라는 말에는 무반응으로 대해도 괜찮습니다. 아기가 엄마를 때린다면 아기의 손을 잡고 아기의 행동을 제지해도 좋습니다. 아기는 아직 충분히 문장으로 속상한 마음을 표현할 수 없어서 반사적으로 엄마를 때리면서 "엄마 나빠!"로 표현할 수 있습니다.

조용히 자리를 피해서 아기가 스스로 화를 가라앉힐 수 있는 시간을 줘도 됩니다. 아기에게 "왜 엄마가 미워?" 혹은 "왜 엄마를 때려?"라고 물어도 아직 아기는 자기 마음을 설명하기 어렵습니다. 엄마가 화가 나서 감정적으로 "너 왜 그래! 너도 한 대 맞아볼래? 얼마나 아픈지?" 하면서 욱하는 감정으로 아기를 때리는 일이 발생하면 안 됩니다.

양육자가 유아안전문 안으로 들어가서 속상한 모습으로 해야 할 일을 하면 좋겠습니다. 아기가 부드러운 태도로 다가오면 마치 아무 일도 없었던 것처럼 친절하게 대해주면 됩니다.

또래 일에 간섭하고 지시를 해요

Q 38개월 된 외동아들을 또래 친구가 있는 음악학원에 보내고 있습니다. 그런데 선생님 말을 잘 따르지 않는 친구가 있으면 아들이 가서 간섭하고 억지로 하게 해 친구들이 화를 내고 울기도 한다고 해요.

A 이 아기는 타인과 상호작용을 할 때 상대방을 이끌려 하는 기질을 가진 것 같습니다. 야단을 치기보다는 음악학원에서 아기들에게 지시하는 것은 어른인 선생님의 역할이며 네 살인 아기의 역할이 아님을 선생님이 반복적으로 이야기해주는 것이 좋습니다.

만일 아기가 선생님의 말을 듣지 않으면 친구들과 3~4분 정도 떨어져 있어야 한다는 것을 알려주고 다른 방에 있다가 오게 하는 '거리 두기'의 아기훈육법을 적용하면 좋습니다.

상호작용의 관계에서 항상 상대방을 이끌려고 하는 기질의 아기들에게는 언제 자신이 주도적인 입장이 될 수 있고(예: 자신의 생일 케이크를 자를 때), 언제 지시를 받아들여야 하는 입장이 되는지를 구체적으로 또 반복적으로 알려주면서 성장하도록 해주면 됩니다.

이 시기의 아기들에게는 친절한 말로 이해시키고 설득하는 노력보다는 사건이 발생하는 매 순간 '거리 두기' 아기훈육법 적용이 바람직합니다.

물컵을 나르겠다고 고집을 부리고 자꾸 쏟아요

Q 38개월 된 아기가 물이 든 컵을 자기가 나르겠다고 하면서 부엌에서 거실로 옮기다가 자꾸 쏟아요. 하지 말라고 해도 자기가 한다고 고집을 부립니다.

A 아기가 물을 쏟지 않고 옮겨보고 싶은 것 같습니다. 만일 뜨거운 물을 잡으려고 하면 아기가 위험해지니 바로 아기훈육법을 적용해야 합니다. 단호하게 안 된다고 하고 아기가 울면 혼자서 몇 분 동안 울도록 합니다. 찬물이라면 아기가 쏟지 않을 수 있게 뚜껑이 달린 플라스틱 컵으로 나르게 하는 것도 좋습니다.

컵의 물이 넘치지 않도록 물을 쳐다보면서 걷는 일에는 균형감각을 잡아야 하는 질적 운동성이 필요합니다. 무언가 스스로 해보고 싶은 나이인데 질적 운동성의 미숙으로 자꾸 실패하면 성공할 때까지 해보고 싶은 심리가 발동할 수도 있습니다. 아기가 혼자서 물을 쏟지 않고 거실로 나를 수 있도록 하는 방법을 찾아주세요. 물컵에 뚜껑을 닫는다거나 같이 걸어주는 등의 방법을 찾아야 합니다.

시간적인 여유가 없다면 "미안해, 다음에 하게 해줄게"라고 말하면 됩니다. 아기가 떼를 쓰고 울면 혼자서 3~5분 정도 울게 하고 급한 일을 해결하면 됩니다.

에어컨을 자꾸만 꺼요

Q 39개월 된 남아입니다. 저녁에 TV를 보려면 에어컨 앞에 앉아야 합니다. 너무 더워서 에어컨을 틀어놓으면 아기는 자꾸 꺼버립니다. 야단치면 아기가 스트레스받을까 봐 여러 번 부드럽게 말해도 아기는 웃으면서 다시 에어컨을 꺼버립니다. 미쳐버릴 것 같습니다.

A 이 시기의 아기들은 상대방이 화내는 것을 보면 자신이 이겼다고 생각할 수 있습니다. 아기를 스트레스받지 않도록 키우셨다면 엄마를 어렵지 않게 여기기 때문에 엄마를 화내게 하면서 재미를 느낄 수도 있습니다. 엄마의 입장을 배려해야 한다는 〈아기훈육〉이 주어지지 않았으므로 아기는 어떤 경우에라도 엄마의 입장을 생각하지 않을 수 있습니다.
아기의 두 팔을 잡거나 어깨를 잡고 절대로 에어컨에 손을 대지 말라고 짧게 말하세요. 엄마가 정말 힘들다는 메시지를 강하게 전하면 됩니다. 순간 엄마가 정말 화가 났고 힘들어한다는 사실이 인지되면 에어컨을 끄는 행동이 쉽게 멈춰질 수 있습니다.

성격이 불같고 화를 잘 내요

Q 39개월 된 딸의 성격이 불같고 화를 잘 내요. 평소 생기발랄한 아기인데 한 번 화가 나면 주체를 못 할 정도예요. 종이를 마구 씹어대거

나 아기 소리를 내기도 하고 땅에 주저앉기도 하는데 그럴 때마다 저는 모른 척해버리거든요. 아기에게 화도 안 내고 매도 안 드는 게 맞는 훈육인지 모르겠어요.

Ⓐ 네, 잘하고 계시는 겁니다. 엄마가 화를 내면서 자신에게 다가오기를 바라며 문제행동을 하고 있을 때 무반응이 가장 좋은 아기훈육법입니다. 만일 화를 크게 내고 매를 들면 아기의 공격적인 태도는 더 심해집니다.

결국 엄마는 더 크게 화를 내고 더 강하게 매를 들게 되므로 순간적으로는 아기의 행동이 절제되지만 엄마와의 안정적인 애착을 형성해 나갈 수가 없습니다.

아기가 종일 아기 소리를 내거나 종이를 씹거나 하는 등의 행동을 해도 못 들은 척하거나 못 본 척하시면 됩니다. 만일 종이를 삼킨다면 종이를 뺏고 아기와 멀어지는 행동을 취하시기 바랍니다. 아기가 아기 소리를 내고 화를 내도 '거리 두기'와 '무반응' 아기훈육법을 적용하세요. 이렇게 아기훈육법을 적용하시면 아기의 인지능력이 정상범위에 속할 경우 만 5세가 지나면서 사회화가 이뤄지고 감정조절능력도 향상될 수 있습니다.

엄마가 감정이 격해져서 화를 크게 낼 수는 있는데 감정을 실은 체벌은 안 됩니다. 만일 만 5세 이후에도 아기의 불같은 성격이 지속된다면 소아정신과를 방문해서 진료받기를 권합니다.

큰 소리에 겁을 내요

Ⓠ 42개월 된 아들이 32개월 옆집 아기와 자주 놉니다. 옆집 아기가 평소 "안 돼!", "하지 마!", "아니야!" 하고 큰 소리를 많이 내는데 그 소리를 들으면 아들이 울어버려요. 원래 순해서 다른 아기를 때릴 줄도 모르는데 자기보다 어린 아기가 안 된다는 소리를 해도 울어서

속상해요.

(A) 기질적으로 큰 소리에 위협감을 느끼는 아기인 것 같습니다. 큰 소리에 겁을 내는 것은 반사적인 반응이므로 42개월이 됐어도 설명하고 달래거나 혼낸다고 해서 행동이 수정되지는 않습니다.

먼저 아기가 스트레스받는 상황임을 공감해주세요. 아기의 귀를 막아주거나 잠시 다른 장소로 피하게 해주는 것이 좋습니다. 32개월 된 동생이 소리를 질렀을 때 42개월 된 형이 밖으로 나간다면 소리를 지르는 32개월 된 동생의 〈아기훈육〉 효과도 기대할 수 있습니다.

아기의 인지능력이 정상범위에 속한다면 만 5세가 지나면서 공격적인 청각자극에 대한 과민반응이 줄어듭니다.

동생의 큰 소리에 우는 아기가 속상하겠지만 발달하는 과정이므로 아기의 스트레스를 공감해줘야 합니다. 〈아기훈육〉으로 동생의 큰 소리에 울지 않게 할 일은 아닙니다.

남자 어른을 무서워해요

(Q) 42개월 된 딸이 낯선 남자 어른을 무서워해요. 원래 소심하고 얌전한 성품인데 간혹 울면서 극도의 공포 증상을 나타내기도 해서 걱정이에요.

(A) 남자를 무서워하는 아기들도 있고 인형을 무서워하는 아기들도 있습니다. 24개월까지는 가능하면 아기가 무서워하는 자극은 피할 수 있게 도와줘야 합니다.

24개월 이후부터는 무섭게 느껴지는 존재를 멀리서 바라보면서 아기에게 해를 끼치지 않는다는 사실을 반복적으로 알려줍니다. 경험을 통해서 안전하다고 판단할 수 있게 도와주는 것입니다.

아기가 남자 어른을 무서워하는 것은 달랠 일도, 야단칠 일도 아닙니다. 무서운 감정이 진정되면 실제로 남자 어른이나 할아버지가 아기에게 아무런 공격을 하지 않았다는 것을 거듭 설명해주세요. 매번 거듭하면서 만 5세까지는 성장하도록 기다려줘야 합니다.

한 번 설명했다고 해서 반사적으로 느껴지는 공포를 이겨낼 수는 없습니다. 〈아기훈육〉은 반복하고 또 반복하는 일입니다.

소리를 지르며 말을 안 들어요

Q 25개월부터 말을 안 들을 때 가끔 회초리를 들었는데 순했던 아들이 44개월이 되면서 소리를 지르고 말을 더 안 들어요.

A 회초리를 드는 대신 다른 공간으로 데리고 가서 조용히 말로 훈육을 해보세요. 또 회초리를 들었던 일에 대해서도 아기에게 사과해주면 좋습니다. 엄마 입장에서는 가끔이지만 아기는 억울하게 회초리를 맞았던 기억만 선명하게 남아 있을 수 있습니다.

24개월 전후로 몸이 커지고 운동성이 좋아지고 말을 알아듣게 되면서 아기들은 스스로 어른이 되었다고 생각해 힘을 씁니다. 아직 어린 아기인 25개월 때부터 회초리를 들었다면 엄마의 심리를 잘 분석해보는 일도 필요합니다. 회초리를 드는 순간 아기가 25개월이라는 사실을 망각했다면 그 순간 엄마 마음속에 있던 자기중심적인 어린 아기가 활동했을 수 있습니다.

엄마도 스트레스 상황에서 감정을 조절하기 힘들어서 회초리를 들게 되고 아기도 지속적으로 더 말을 안 듣는다면 엄마도 아기도 심리평가로 서로의 마음을 살펴보고 전문가의 도움을 구하시기를 권합니다.

아기가 말대꾸해요

Q 잔소리를 하면 말이 빨리 트인 45개월 된 아기가 말대꾸를 해요.

A 아기가 또래보다 말이 빨리 트이면 엄마는 무척 기분이 좋습니다. 하지만 반대로 아기가 말대꾸하면 정말 힘이 들지요. 이런 경우 앵무새와 같은 아기의 말대꾸가 마치 들리지 않는 것처럼 아무런 반응을 하지 말고 엄마가 하고 싶은 말을 반복적으로 하면 됩니다.

아기의 말대꾸에 엄마의 에너지가 흐트러지면 아기는 다시 말꼬리를 달며 말대꾸하는 경우가 많습니다. 아기가 엄마의 에너지가 약해졌다는 것을 알아채서 생기는 반응입니다. 이럴 땐 '무반응' 아기훈육법을 적용해보세요.

아기가 말대꾸를 하든지 말든지 엄마는 엄마가 해야 할 말만 하시고 침묵하세요.

분이 풀릴 때까지 울어요

Q 45개월 된 아기가 원하는 걸 다 해줘도 분이 풀릴 때까지 울어요.

A 타고난 기질상 쉽게 자기감정을 조절하기 힘든 아기로 보입니다. 그렇다면 그냥 울게 내버려두세요. 한두 번 아기의 마음을 공감해준 후 바쁜 척하면서 해야 할 일을 하면 됩니다. 아기가 많이 울긴 하겠지만 그렇게 울면서 타고난 까탈스러운 기질이 많이 무뎌집니다. 그래서 까탈스러운 기질을 타고난 아기는 울면서 크는 것이고 부모는 그 옆을 지켜주는 것입니다.

하지만 아기가 자해를 하거나 공공장소에서 소란을 피우면서 울면 바로 0.5초 만에 아기를 안고 공공장소에서 나오는 아기훈육법을 실행해야 합니다.

작은 일에도 잘 울어요

Q 스포츠센터에 다니는 45개월 된 큰아들이 작은 일에도 잘 울어요. 처음엔 울어도 달래주지 않았는데 너무 오래 울어서 때렸습니다. 그러자 다음부터는 안 그러겠다고 해서 무엇을 잘못해서 비는 거냐고 묻자 동생을 안 때리고 잘 데리고 놀겠다고 하더군요. 평소에 동생을 때려 크게 야단친 적이 있어요. 그게 스트레스였나 봅니다. 어떻게 해야 할까요?

A 아이고, 45개월 된 아기가 동생을 잘 데리고 놀 수는 없습니다. 오히려 동생 때문에 스트레스를 많이 받았을 수도 있는데 이미 크게 야단치고 때리셨다면 아기에게 사과해야 합니다. 엄마가 어떤 경우에라도 다시는 때리지 않겠다고 약속해야 합니다. 아기가 45개월이라면 유아심리검사도 한번 받게 해주세요. 엄마도 욱하는 기질이 있을 수 있으므로 심리검사를 통해서 도움을 받으시면 좋겠습니다. 아기의 울음이 엄마를 욱하게 하는 경우라면 엄마가 더 노력하고 주변의 도움을 받아 때리지 않는 엄마 역할을 하셔야 합니다. 가사와 육아에 도움을 받아도 좋고 심리평가와 상담을 받으셔도 좋습니다.

만일 아기가 질적 운동성이 썩 좋지 않아서 스포츠센터의 활동을 즐기지 못한다면 당장 그만두게 해야 합니다. 질적 운동성이 좋지 않은데 운동성을 키우겠다고 일부러 스포츠센터를 보내면 아기는 점점 스포츠센터에 가는 것을 두려워하고 심하면 우울감을 느끼기도 합니다. 아기의 운동성은 여덟 살 이후에 스포츠 활동을 통해서 키워줘도 됩니다.

아기의 징징거림은 엄마에게 관심을 갖고 도와달라는 호소일 가능성이 있습니다.

애착 형성과
〈아기훈육〉

35개월 된 아기를 둔 엄마입니다. 좋은 인연을 만나 재혼을 했는데 남편이 좀 더 좋은 아빠가 되고 싶다고 해서 상담을 신청합니다.

어느 날부터인가 가지고 놀고 싶은 장난감을 가지고 놀지 못하게 하면 아기가 자기 얼굴을 때리기 시작했어요. 아기가 그런 행동을 하면 남편이 달려가서 "안 돼, 안 돼!" 하면서 손으로 얼굴을 때리지 못하게 상체를 꼭 껴안았습니다. 아기가 상체를 버둥거릴수록 남편은 더욱 세게 아기를 껴안았어요.

일관되게 훈육하는데도 아기의 행동은 수정되지 않고 있어요. 지금은 스트레스 상황이 아니어도 아기가 아빠만 보면 자신의 얼굴을 때리면서 다가가곤 합니다. 어떻게 해야 하나요?

이 사례에서 아빠가 선택한 훈육법은 아기가 자신의 얼굴을 때릴 때 스트레스를 받았다고 생각되어서 아기를 꼭 껴안아주는 것이었습니다. 아기를 껴안으면 아기의 신체가 구속되므로 아기가 스스로 얼굴을 때릴 수 없기도 하고요.

그런데 아기 행동이 수정되기는커녕 더 강화되었지요. 그 이유는 아빠의 다정하면서도 강한 스킨십이 아기는 좋았기 때문입니다. 아기는 이러한 행동을 스스로 얼굴을 때리는 행동에 대한 훈육으로 받아들이지 않았고 아빠의 칭찬으로 오해하게 된 것입니다.

처음에는 스트레스 상황에서 충동적으로 한 행동이었지만 나중에는 아빠의 애정을 받기 위해 스스로 때리게 된 것이지요. 따라서 아기의 신체를 구속하는 훈육법을 쓸 때는 다정하게 껴안기보다 안 된다는 메시지가 단호하게 전달되는 방식으로 행해야 합니다. 좀 격한 표현이기는 하지만 〈아기훈육〉을 위해 아기를 안을 때는 감자 포댓자루를 안듯이 안으라는 표현을 쓰기도 합니다.

아기 때부터
부모를 배려할 수 있는 기회를 제공하여
커가면서 친구도 배려할 수 있는
아이로 성장시켜주세요.

〈아기훈육〉과 '아이훈육'은 말을 통한 훈육이 가능하느냐, 그렇지 않느냐에 따라 구분됩니다. 만 4세라면 말로 하는 '아이훈육'이 가능한 시기입니다. 가정이나 공공장소에서 지켜야 할 기준을 정확히 이해시키고 지키도록 도와주기 위해서 '아이훈육'이 반드시 필요합니다.

특정 장소에서 기대하는 행동을 아이에게 미리 알려주고 규칙을 지켰을 때 보상해주는 방법을 선택하면 좋습니다. 약속을 지키지 않았다고 야단치고 간식을 주지 않는 방법보다는 약속을 지켰을 때 보상해주는 훈육법이 더 효과적입니다.

아이가 정상적으로 인지발달을 하고 있다면 까탈스러운 기질의 아이이거나 언어이해력이 늦되는 아이라도 생후 48개월부터는 말로 하는 '아이훈육'을 시도할 수 있습니다.

만일 48개월 이후에도 가정에서 '아이훈육'이 가능하지 않다면 아이의 인지발달 수준에 대한 평가가 필요합니다.

5장

생후 48개월 이후
'아이훈육'

생후 48개월 이후
아이의 발달 특성

아이의 시각 및 청각 인지발달 특성

생후 48개월이 지나면 시각 및 청각적인 정보로 판단하는 인지발달은 일상 생활에 어려움이 전혀 없는 수준이 됩니다. 시각적인 정보가 입체적인 3D로 주어지면서 서로 대화하는 교육적인 영상물을 통해 아이에게 기대되는 행동을 교육시킬 수도 있습니다.

어린이집이나 유치원 활동에 어려움이 없다면 가정에서 1시간 정도 교육적인 영상물을 보게 해줘도 좋습니다. 교육적인 영상물을 본다고 해서 자폐스펙트럼장애와 같은 발달장애가 발생하지는 않습니다. '이를 닦아야 한다'는 위생에 대한 내용이나 친구들과 사이좋게 지내야 한다는 '아이훈육'과 관련된 영상을 반복적으로 보면서 자기가 지켜야 할 규칙에 대해서 스스로 익히게 도와줄 수도 있습니다.

아이의 언어이해력

만 4세가 되면 일상에서 모든 대화가 가능할 정도로 언어이해력이 높은 수준으로 발달합니다. 언어이해력이 조금 떨어져도 자기 나이 48개월의 80%인

38개월 수준이 된다면 유아교육기관에서 어려움 없이 적응할 수 있습니다.

말로 하는 '아이훈육'은 아이의 생리적인 나이가 아니라 아이의 언어이해력 수준에 맞춰서 활용해야 합니다. 언어이해력이 늦되어서 자기 나이의 70% 이하라면 또래 집단에 적응하는 데 어려움을 겪게 됩니다. 따라서 긴 문장으로 말하는 아이훈육법은 가능하지 않습니다. 아이의 언어이해력이 자기 나이의 80% 수준이 되는지 꼭 확인해야 합니다.

50개월 아이의 언어이해력 계산의 예

- 정상범위: 50개월×0.8(80%)=40개월 수준 이상인 경우
- 지연범위: 50개월×0.7(70%)=35개월 수준 이하인 경우

언어이해력이 정상범위에 속한다면 어린이집이나 유치원 교사가 문장으로 된 말로 놀이의 규칙을 설명할 때 이해할 수 있습니다. 또래 집단에서 역할놀이를 하거나 친구들이 놀이규칙을 설명할 때에도 이해하고 규칙을 따를 수 있습니다.

만 4세 이상의 아이는 새로운 환경이나 또래 집단에서 설정하는 규칙을 이해할 수 있으므로 집단의 규칙을 설명해주거나 아이와 같이 놀이규칙을 만들고 지켜야 하는 책임감도 학습시킬 수 있습니다. 아이가 규칙을 지킴으로써 스스로 자긍심을 키우는 기회도 제공할 수 있습니다. 규칙을 지켰을 때 받게 되는 작은 칭찬에 아이는 스스로 자긍심을 갖게 됩니다. 규칙을 지켰을 때와 지키지 못했을 때의 결과에 대해서도 함께 상의할 수 있습니다. 아이 스스로 규칙을 지켰을 때의 보상에 대해서 의견을 낼 수 있게 도와줘도 좋습니다.

아이의 긍정적인 행동을 강화하는 효율적인 훈육법은 규칙을 지키지 못했을 때 벌칙을 강화하는 것보다 규칙을 지켰을 때 보상을 강화하는 것입니다. 규칙을 지켰을 때 스티커를 붙여주는 방법을 선택해서 스티커를 다 모으면 더 큰 보상을 기다리게 해주는 것도 아이 뇌의 감정조절프로그램을 강화할 수 있는 아이훈육법입니다.

스티커를 모으면
더 큰 선물을 받을 수 있어.

아이의 언어표현력

말이 트인 아이라면 일상생활의 모든 대화가 가능합니다. 하지만 스트레스 상황에서는 아직 어휘와 표현력의 부족으로 자신의 마음을 정확하게 말하기는 어렵습니다. 가끔 스트레스 상황에서 말을 더듬을 수도 있습니다.

　문장으로 말은 하지만 주로 엄마에게 말대답하는 방식으로 자기중심적인 주장을 펼 수도 있습니다. 아이가 엄마에게 말대답하거나 "엄마가 그랬잖아!" 하면서 엄마 탓으로 돌리는 말을 하면 엄마도 속이 상할 수 있습니다.

　아이가 말을 잘한다고 생각되면 다 컸다고 느껴지기도 합니다. 하지만 아직 언어표현력이 부족하므로 아이가 엄마에게 좋지 않은 말을 했다고 해서 불쾌감을 느끼고 아이에게 말로 감정적인 비난을 하지 않도록 조심해야 합니다.

　"엄마 미워!", "아빠가 먼저 그랬잖아", "엄마 똥꼬!", "아빠 바보 멍텅구리!" 등의 표현은 '나 지금 속상해요'라는 아이 마음의 표현이라고 생각해줘야 합니다.

아이의 기질과 친밀도, 흥미도

까탈스러운 기질이면서 친밀도가 떨어지는 아기인데도 〈아기훈육〉을 하지 않고 이 시기(생후 48개월 이후)까지 성장했다면 아이는 덩치도 커지고 몸 움직임의 순발력도 좋아지고 말도 트였으므로 스트레스 상황에서 다양한 방법으로 엄마를 공격할 수 있습니다.

　어려서부터 〈아기훈육〉이 적용되지 않았다면 규칙을 지켜야 하는 어린이집이나 유치원에서의 적응은 가능하지만 집에 돌아와서 엄마와의 관계에서 떼를 많이 쓸 수도 있습니다. 〈아기훈육〉의 기회를 놓쳤더라도 문장으로 된 말들을 이해할 수 있는 나이이므로 양육자를 배려할 것을 요구하는 '아이훈육'이 빨리 시작되어야 합니다.

아이의 큰 근육 운동발달

큰 근육의 질적 운동성이 우수한 아이들의 경우 또래 집단에서 매우 활발한 태도를 보일 수 있습니다. 반면, 큰 근육의 질적 운동성에 어려움을 보이면 아직 낯가림도 심할 수 있고 활발한 아이들과 같이 놀이에 섞이기가 어려울 수도 있습니다.

큰 근육 운동발달이 떨어진다고 유아체육활동을 시켰는데 질적 운동성이 우수한 또래들과 운동놀이를 하게 되면 더 자존감이 낮아질 수 있습니다. 이럴 때는 최소한 만 60개월까지는 일반적인 운동활동을 시키지 말고 부모가 일대일로 운동놀이를 해주면서 기다려줘야 합니다. 다만 질적 운동성이 심하게 지연되면 언어이해력에도 지연을 보일 수 있으므로 언어이해력 수준을 꼭 확인해야 합니다.

아이의 작은 근육 운동발달

연필로 그림을 그리거나 손으로 조작하는 놀이에도 아이들에 따라서 편차가 크게 나타납니다. 학습활동에 필요한 작은 근육의 질적 운동성은 떨어질 수 있어도 자기가 좋아하는 음료수 뚜껑을 딴다거나 좋아하는 장난감을 조작하는 일은 동기를 가지고 반복적으로 연습하므로 가능하기도 합니다.

아직은 연필 조작이나 손으로 하는 일들을 억지로 시킬 필요가 없습니다. 아이가 힘들어할 때 옆에서 도와주는 정도의 노력만 필요한 시기입니다. 질적 운동성을 필요로 하는 일들은 만 5세 이후에 스스로 동기유발이 됐을 때 집중해서 노력하면 좋아지게 됩니다.

자기가 원하는 대로 그림이 그려지지 않는다고 아이가 화를 낼 때는 야단을 치지 말고 화낼 일이 아니라고 말로 설명해주는 아이훈육법을 적용하시거나 '무반응' 아기훈육법을 적용하시면 좋습니다.

생후 48개월 이후 아이의 스트레스 행동에 따른 부모의 느낌과 반응

●
▲
■
◆

아이의 스트레스 행동

48개월 이후 아이들은 원하는 바가 이뤄지지 않아 스트레스를 받으면 다음과 같은 반응을 보입니다.

- **울기**: 눈물을 하염없이 흘린다, 손으로 얼굴을 감싸고 서럽게 운다 등
- **소리 지르기**: 고성을 지른다 등
- **몸 움직이기**: 분에 못 이겨 몸에 힘을 준다, 물건을 던진다, 화가 가득 한 모습을 보인다, 방방 뛴다, 발을 동동 구른다, 자위행위를 한다, 엄마에게 집착하고 따라다닌다 등
- **자해하기**: 머리를 벽에 박는다, 이를 꽉 물고 부들부들 떤다, 갑자기 넘어지는 척하거나 부딪친 것처럼 행동한다 등
- **상대방 때리기**: 엄마나 아빠를 때린다, 발로 찬다 등
- **회피하기**: 토라져서 몸을 돌리고 앉아 있는다, 손으로 귀를 막는다 등
- **말로 공격하기**: 엄마나 아빠가 밉다고 말한다, 속상했던 일을 말한다, 상황에 맞지 않는 말을 반복적으로 한다, "하지 마세요"나 "쳐다보지 마세요"와 같은 부정적인 말을 한다 등

이 시기의 아이들은 혼나는 상황을 모면하려고 시간이 멈췄으면 좋겠다고 말하기도 합니다. 엄마를 때리면 안 된다는 사실을 잘 알고 있으면서도 자신의 억울함을 알리기 위해 때리는 행위를 할 수 있습니다.

자신이 위험에 처하면 엄마가 훈육을 멈추기 때문에 일부러 위험에 처한 듯 넘어지는 연기를 할 수도 있습니다. 또한, 말이 트이는 시기이므로 "미워", "하지 마세요"와 같이 상대방을 공격하는 마음을 말로 표현할 수도 있습니다. 숨거나 몸을 돌리거나 자위행위 등을 함으로써 스트레스 상황에서 회피하려고 할 수 있습니다.

말이 트인 아이가 부정적인 말로 공격하면 엄마는 스트레스를 받습니다. "미워", "싫어", "죽어버려" 하는 아이의 말을 그대로 받아들여서 감정적으로 심하게 야단치는 상황이 발생할 수 있습니다.

엄마의 느낌과 반응

아이가 스트레스 행동을 나타낼 때 일반적으로 엄마는 다음과 같이 느끼고 반응합니다.

- 상황을 파악하고 울지 말라고 한 뒤, 다음부터는 울지 말고 직접 상황을 말로 설명하라고 알려준다.
- 가족이든 친구든 사람을 절대 때리면 안 된다고 주의를 줬는데도 같은 행동을 되풀이하면 방으로 데려가 무엇을 잘못했는지 묻고 이야기한다.
- 아무리 아이지만 세게 때리면 아파서 화가 나곤 한다.
- 꼭 안아주며 설명을 해서 겁을 없애주려 하지만, 아이가 전혀 말을 듣지 않

고 울기만 해 답답하다. 이런 상황이 자꾸 반복되면 지치고 짜증이 난다.

• 팔을 꽉 잡고 제지하면서 아이가 잘못한 상황이라면 어떤 점을 잘못한 건지 이해시키려 한다.

• 대화하면 아이가 이해하는 편이지만, 완전히 이해했는지 알 수 없어 훈육이 어렵게 느껴지고 답답한 마음이 든다.

• 육아서적에 쓰인 대로 스트레스 행동 시 무시하고 무반응을 보이려고 애쓰나 참기 힘든 순간이 있다.

• '아이가 내 반응을 보려고 하는 행동이구나' 하는 것까진 알았는데 그다음에 어떻게 해야 할지 모르겠다.

• 너무 속상하고 반복적으로 우는 게 듣기 싫다.

• 답답하고 속상해서 앞으로 그러지 않았으면 좋겠다고 설명해준다.

• 아이랑 단둘이 있는 시간이 부담스럽고 힘들다.

엄마는 아이의 스트레스 행동에 대해 말로 설명하다가도 아이가 말대답하거나 "싫어", "미워" 등의 반응을 하면 '이제 어느 정도 컸으니 훈육을 해도 된다'라고 생각해서 회초리를 들기도 합니다. 혹은 육아서적에 나온 공감해주는 긍정훈육법을 사용했는데도 아이의 행동이 수정되지 않으면 무기력해져서 상황을 회피하기도 합니다. 끝내 아이의 몸집이 커지고 말대답도 하게 되므로 엄마는 매우 지쳐 있게 됩니다.

아빠의 느낌과 반응

아이가 스트레스 행동을 나타낼 때 일반적으로 아빠는 다음과 같이 느끼고 반응합니다.

- 이유를 물어보고 타이르지만 아이가 더 짜증을 낼 경우 지켜보거나 회피한다.
- 아이가 잘못하면 야단친다. 아이가 진정하지 않으면 울음을 그칠 때까지 무시한다. 진정하면 대화한다.
- 아이가 억울해하고 서러운 일 때문에 울 때는 꼭 안아주면서 타이른다.
- 서러웠던 사건에 대해 이야기하고 앞으로 어떻게 하는 것이 좋을지 말해준다.
- 짜증이 나지만 가능한 한 참는다. 왜 그러는지 궁금해하며 달래보려 애쓴다.
- 아이를 꼬집거나 엉덩이를 찰싹 때려 멈추게 하는 경우도 많다.
- 잘못된 행동이라고 지적하면서 혼내고 가급적 바로 사과하게 만든다.
- 직장생활에 지쳐 있는 순간에는 아이가 끝없이 우는 모습에 스트레스를 받아서 심하게 짜증을 내거나 큰소리로 겁을 주거나 때리는 등의 체벌을 가해서라도 아이의 울음을 멈추게 하고 싶어진다.
- 아이의 울음에 스트레스를 받는 자신에 대한 화를 못 이겨서 문을 쾅 닫거나 식탁을 내리쳐서 아이에게 겁을 주는 등의 폭력적인 모습을 보이기도 한다.
- 전업주부로 아이를 키우는 아내에게 화를 내거나 육아를 잘못해서 그렇다고 책임을 전가하기도 한다.

아빠의 경우 아이의 스트레스 행동을 지켜보거나 말로 해결해보려고 노력하지만 극한 스트레스 상황에서는 아이를 협박하기도 하고 때리기도 합니다. 또한, 방문이나 식탁을 내리치기도 합니다. 아이의 스트레스 행동을 아내가 아이를 잘 키우지 못한 것이라고 말하며 아내를 비난하기도 합니다.

생후 48개월 이후 '아이훈육'에 성공하려면

아이가 지켜야 할 사항들을 미리 알려주세요

이 시기에 해당하는 아이의 훈육 목적은 가정이나 공공장소에서 지켜야 할 기준을 정확히 이해시키고 지키도록 도와주는 것입니다. 공공장소나 낯선 곳에 갔을 때 다른 사람들이 어떻게 행동하는지 살펴보도록 한 후, 아이가 바르게 행동하도록 지속적으로 이야기해줘야 합니다. 집단의 규칙은 내 마음대로 정하는 게 아니라 이미 그 집단에 속해 있는 사람들의 행동규범을 따라야 한다는 사실을 알려주는 '아이훈육'이 필요합니다.

'아이훈육'의 목적은 어디를 가든지 같이 있는 사람을 배려해야 한다는 사실을 말로 설명해서 알게 하는 것입니다. 사람들이 서로 같이 지내기 위해서는 지켜야 하는 규칙이 있다는 사실을 아이가 알게 해야 합니다. 그 규칙을 알려주는 일이 바로 상대방을 배려하는 방법임과 동시에 자신이 배려받을 수 있는 길임을 알려주는 일이기 때문입니다.

순한 기질의 아이라면 스스로 규칙을 기억하고 지키면서 자존감을 높일 수 있으므로 아이와 눈을 맞춰서 규칙을 지킨 일에 대해 칭찬해주는 일만으로도 충분한 보상이 될 수 있습니다.

예의 바르게 밥 잘 먹는
우리 딸 최고!

규칙을 지켰을 때의 보상에 대해 가족과 아이가 함께 상의해주세요

'아이훈육'을 할 때 규칙과 보상은 '아이훈육'에 참여하는 모든 어른이 함께 기준을 정해서 일관되게 제시하는 것이 좋습니다. 아이와 보상과 벌칙에 대해서 같이 상의할 수 있다면 가족회의를 통해서 아이를 참여시키는 것도 매우 좋은 방법입니다.

스스로 보상과 벌칙을 결정한다면 '아이훈육'의 효과가 더 커집니다.

아이의 언어이해력를 확인해주세요

48개월 이후 아이들의 훈육은 대화를 통해 많이 이뤄집니다. 만약 아이의 언어이해력이 늦되어 부모가 설명해도 잘 이해하지 못한다면 말로 하는 훈육이 힘들어집니다. 친밀감, 흥미도, 감정조절능력에 어려움이 없지만 언어이해력에 심한 지연을 보인다면 말로 자신을 표현하는 능력에도 어려움을 보입니다.

48개월 이후에 언어이해력이 자기 나이 수준의 70% 이하가 되거나 의문문과 일반문 간의 차이를 이해하지 못한다면 혹시 의사소통장애 혹은 수용성 표현성 복합언어장애가 아닐까 하는 의심을 해볼 수 있습니다. 이런 경우에는 경한 자폐스펙트럼장애로 진단될 수도 있습니다. 발달장애 파악을 위해서는 아이가 얼마나 떼를 쓰는가가 아니라 아이의 인지발달 수준과 언어이해력의 수준을 정확하게 진단받는 것이 중요합니다.

시각 인지발달은 정상범위에 속해서 퍼즐 맞추기나 상황을 파악하는 능력에는 어려움이 없지만 언어이해력이 자기 나이 수준의 70% 이하라면 아이의 언어이해력 향상을 위한 일대일 학습이 꼭 필요합니다. 아이의 언어이해력 수준에 맞게 말을 해주어야 언어이해력 수준을 높일 수 있습니다. 언어이해력이 충분히 발달하지 못해서 또래 집단 적응에 어려워하고 자꾸 화를 내는 것을 애착장애나 자폐스펙트럼장애라고 판단하고 놀이치료를 시도하는 일은 없어야 합니다.

언어이해력이 자기 나이 수준의 70% 이하라면 어린이집이나 유치원의 한 살 낮은 반에서 적응하게 하는 방법도 권할 수 있습니다.

양육자의 신체적·정서적 건강상태를 확인하세요

만약 아이의 언어이해력이 정상범위에 속하는데도 엄마가 '아이훈육'이 힘들다고 느낀다면, 대부분은 엄마가 삶에 지치고 힘든 상황일 가능성이 높습니다. 특히 큰아이가 48개월이면 둘째가 태어날 수 있는 시기이므로 엄마가 육체적으로 힘들면 말로 길게 설명해야 하는 '아이훈육'에 더 큰 어려움을 겪게 됩니다.

보통 아이가 36개월이 될 때까지는 엄마들이 긴장을 풀지 않고 감정도 조절하려고 노력하지만 이후에는 육아에서 가장 중요한 3년을 잘 견뎠다는 생각에 긴장을 푸는 경우가 많습니다. 그러면서 몸과 마음이 갑자기 더 힘들다고 느껴지기도 합니다.

아이의 발달이 정상범위에 속한다면 육아에 대해서 너무 걱정하지 말고 육아와 가사를 도울 수 있는 인력을 구하는 등 부부가 함께 신체적·정신적으로 쉬어갈 수 있는 지혜가 필요합니다. 엄마가 너무 지쳐 있으면 다 큰 아이가 부모를 배려해주지 못한다는 생각이 들면서 아이가 스트레스 행동을 보일 때 감정을 담은 태도로 대하기 쉽기 때문입니다.

생후 48개월 이후
아이훈육법

48개월 이후 아이는 길게 설명하는 말을 알아듣고 협상도 가능합니다. 단순히 엄마의 메시지를 전달하거나 아이의 문제행동을 수정하기 위한 아이훈육법이 아니라 아이가 기분이 좋은 시간에 아이와의 대화와 협의를 통해서 규칙을 정해 나가는 훈육법을 쓸 수 있습니다. 대화로 훈육한다고 생각하면 됩니다.

- 정해진 장소에서 기대되는 행동을 미리 이야기해주세요.
- 아이에게 규칙을 지켜야 하는 이유에 대해 설명해주세요. 다른 사람에게 해를 끼치는 행동은 왜 하지 말아야 하며, 해를 끼친 경우에는 잘못을 인정하고 사과해야 한다는 사실을 이해시켜주세요. 매번 특정 장소를 방문할 때는 방문 전에 설명해줘야 합니다.
- 규칙을 지켰을 때의 '보상'과 지키지 못했을 때의 '보상 없음' 혹은 '벌칙'에 대해서 아이에게 통보하거나 함께 상의해서 정하세요. 이때 아이에게 주어지는 보상으로는 칭찬 스티커 붙이기, 놀아주기, 간식 먹기, 장난감 갖고 놀기, 용돈 주기 등이 있습니다. 어떤 보상을 할지는 가족들과 상의하고 아이에게 이야기하거나 아이와 협상을 해보세요. 아이에게 돈으로 보상을 해

도 되는지, 간식으로 보상을 할지 여부에 대해서는 각 가정 혹은 엄마들의 선택입니다.

- 아이가 규율을 지키지 못했을 때는 야단을 심하게 치기보다는 지키기로 했던 규칙과 보상과 벌칙에 대해서 다시 이야기해주면 됩니다. 규칙을 지키지 않았을 때 "이번만이다" 하면서 하지 말아야 하는 보상을 하는 실수는 조심해야 합니다.

자기중심적인 논리로 말대꾸를 해요

Q 시장에서 돌아오는 길에 횡단보도를 건너는데 장난감을 사주지 않는다고 말대꾸를 하는 딸아이의 행동에 기가 막혀서 녹색 불이 켜지자마자 두고 먼저 건넜어요. 그러자 아이가 넘어지며 세상 떠나갈 듯 울어대서 다시 돌아와 팔을 잡고 빠른 걸음으로 건넜습니다. 아이가 자기 논리로 말대꾸를 할 때는 도대체 어떻게 해야 할지 모르겠어요.

A 빨리 집에 돌아가야 하는 엄마와 시장에서 본 장난감을 사고 싶은 아이는 모두 자기중심적인 논리에 빠져들게 됩니다.

마음이 바쁜 엄마는 호흡을 가다듬고 "집에서 나오기 전에 약속했지? 오늘은 빨리 집에 들어가야 하고 장난감을 살 수 없어, 미안해. 오늘은 약속대로 장난감을 사지 않을 거야. 빨리 집에 가자" 하고 말할 여유도 갖기가 어렵습니다.

아이의 말대꾸로 공격을 당한 엄마 역시 아이를 두고 빠른 걸음으로 횡단보도를 건너면서 아이에게 공격적인 태도를 보였습니다. 아이는 일부러 넘어지고 큰 소리로 울면서 다시 엄마를 공격했습니다. 갈등 상황에서 에너지의 안정성을 잃게 되면 말로 해야 하는 '아이훈육'이 힘들어집니다.

48개월 된 아이를 신호등에 파란불이 켜지면 '알아서 횡단보도를 건너오겠지'라고 생각할 수 있겠지만 혼자서 횡단보도를 건너게 하면 예기치 못한 교통사고가 발생할 수도 있으므로 절대로 해서는 안 되는 행동입니다. 아무리 화가 나더라도 횡단보도는 엄마가 아이와 함께 건너야 합니다. 아이가 버둥거리면 힘을 써서 안고서라도 건너야 합니다.

왜 아이의 말대꾸에 엄마가 화가 나는지 엄마의 마음도 들여다봐주시기 바랍니다. 혹시 아이가 엄마를 무시했다고 생각됐다면 네 살 아이에게 무시당하는 일이 뭐가 그렇게 화가 날 일인지 차분히 돌아봐주시면 좋겠습니다. 혹시 가사와 육아에 너무 지쳐 있는 것은 아닌지, 휴식이 필요한 것은 아닌지도 돌아봐주세요.

모든 일에 싫다고만 말해요

Q 아이가 밥을 먹자고 해도, 옷을 입자고 해도 싫다고만 말하는 '싫어쟁이'입니다. 아무리 말로 설명해도 싫다고만 말하니 난감해요.

A 아이가 만 4~5세경이 되면 엄마가 뭘 묻기만 해도 싫다고 답변하는 경우가 있습니다. 주도권을 쥐고 싶어 하고 관심을 받고 싶어 하는 기질을 가진 아이들에게서 많이 나타나는 행동입니다. 이 시기의 아이들이 싫다고 말하는 것은 정말 싫기 때문이 아니라 엄마가 계속 자기에게 관심을 두고 다가와주기를 바라는 마음 때문입니다.

이런 경우에는 말로 하는 '아이훈육'보다는 행동으로 하는 〈아기훈육〉을 활용해야 합니다. 아이가 하는 모든 말에 '무반응', '거리 두기' 아기훈육법으로 대해주세요.

혹은 아이가 무슨 말을 하든지 엄마가 해야 할 말만 반복적으로 할 수도 있습니다. 아이의 얼굴을 쳐다보지 말고 계속해서 "옷 입자", "옷 입고 나가자", "추우니까 옷 입고 나가자" 하는 식으로 엄마가 전해야 할 메시지를 반복적으로 전달하면 됩니다.

하루에 15분 정도는 아이에게만 집중해주는 시간도 만들어주세요. 매일 같이 편의점을 오가면서 대화하는 시간을 가져도 좋습니다.

아이가 자꾸 친구를 때려요

Q 어린이집 선생님으로부터 아이가 자꾸 친구들을 때린다는 연락을 받았어요. 아무리 아이를 혼내도 바뀌지 않고 선생님과 맞은 아이의 부모님에게 매번 사과하는 일도 힘드네요.

A 아이가 자꾸 친구들을 때려서 훈육이 필요하다고 어린이집에서 연락을 받을 때 부모는 가장 당황하고 스트레스를 받습니다. 어린이집에서 '아이훈육'을 더 적극적으로 시도해주면 좋겠지만 어린이집에서 하는 '아이훈육'이 부모가 봤을 때 아동학대나 방임으로 오해받을 수 있으므로 적극적으로 '아이훈육'을 하지 않는 경향도 있다고 생각됩니다.

어린이집에서 발생한 일에 대해 가정에서 부모가 말로 타이르고 혼내는 일은 어린이집에서의 행동 수정에는 거의 도움이 되지 않습니다. 만일 부모가 동행한 상황에서는 아이가 친구들을 때리지 않는데 어린이집에서만 때린다면 어린이집 선생님께 적극적으로 규칙을 설명하고 보상과 벌칙을 결정해서 아이에게 반복적으로 설명하고 적용해주기를 부탁하는 것이 바람직합니다.

자꾸 동생을 때려요

Q 큰아이가 자꾸 동생을 때려요. "네가 형이잖아" 하고 동생에게 양보하라고 해도 괴롭히면서 때리는 행동이 고쳐지지 않아요.

A 첫째 아이가 만 4세 정도가 될 때쯤 동생이 생기는 경우가 많습니다. 많은 양육자가 동생에 대한 시기와 질투심으로 때리는 경우 훈육할 때 "네가 형이잖아", "네가 언니잖아" 하는 말을 합니다.

하지만 만 4~5세 아이가 형, 언니, 오빠는 아이가 아닌, 능력을 갖춘 큰 사람이라는 인식은 있어도 나보다 나약한 사람을 배려하고 양보해야 한다는 생각까지 하기는 어렵습니다. 형과 언니가 동생을 배려해야 한다는 것은 사회적인 규범이고 배워가야 하는 일입니다. 타고나면서부터 형이나 언니가 되면 동생을 배려해야 한다는 프로그램이 형성될 수는 없습니다. 나이가 많은 형이 어린 동생을 배려하는 모습을 직접 눈으로 보면서 학습하지 않으면 형이나 언니라는 이유로 동생에게 양보하고 배려해야 한다고 생각하기는 어렵습니다.

동생을 괴롭히고 시기하고 질투할 때 "네가 형이잖아"라는 말보다는 "너는 네 살이고 동생은 한 살이잖아"라는 말로 설득하는 게 더 효과적입니다. 한 살은 네 살의 능력을 갖추지 못했으므로 돌봐줘야 한다는 논리가 아이의 인지능력을 고려할 때보다 설득력이 있을 수 있습니다.

"너는 네 살이니까 아이스크림도 먹을 수 있고 레고 장난감도 엄마가 사주잖아" 하는 식으로 한 살 아이는 가질 수 없는, 네 살 아이가 갖는 권리에 대해서 설명해주시기 바랍니다. "너도 한 살 때는 엄마 젖을 먹었어", "너도 한 살 때는 엄마가 기저귀를 갈아줬어" 하면서 어렸을 때 사진을 보여주세요. "너는 네 살이니까 혼자서 밥도 먹을 수 있고, 화장실도 갈 수 있잖아" 하고 한 살과 네 살을 다르게 대하는 규칙을 설명해줘도 좋습니다.

규칙을 설명해줘도 충동적으로 동생을 때린다면 동생을 때렸을 때의 벌칙보다는 동생을 때리지 않았을 때의 보상에 대해서 의논해주기 바랍니다. 그리고 반드시 유아안전문 안으로 동생을 넣어서 형으로부터 피해를 줄여줘야 합니다.

끊임없이 말을 해요

Q 아이가 말하는 걸 좋아하는 것인지 엄마, 아빠를 보면 끊임없이 말을 합니다. 잘 들어주다가도 일이 바쁘거나 하면 지칠 때가 있어요. 대응을 잘해주지 않으면 아이에게 문제가 생길까요?

A 기질적으로 불안도가 높아서 누군가의 관심을 받아야 덜 불안한 아이들이 있습니다. 불안도가 높은 기질의 아이들이 어렸을 때 과잉보호 속에서 자라면 성장해서도 관심을 받기 위해 말을 많이 하기도 합니다. 아이가 잠시 혼자서 기다리면서 관심받고 싶고 상호작용하고 싶은 마음을 달랠 기회를 제공해줘야 합니다. 아이가 관심을 받기 위해 상황에 맞지 않는 말을 계속하거나 의미 없는 질문을 한다면 "잠깐만, 지금 엄마, 아빠가 일해야 해!"라고 말로 설명하면서 기다리라고 요구하고 아이의 말에 '무반응' 아기훈육법을 적용하시면 됩니다.

구체적으로 시간을 알려주고 알람을 맞춘 다음. 알람이 울릴 때까지는 부모에게 말을 하지 않는 규칙을 세워도 괜찮습니다. 만일 알람이 울리지 않을 때까지 침묵한다면 스티커 붙이기와 같은 보상을 제안할 수도 있습니다.

부모도 기질적으로 불안도가 높아서 평상시에도 말이 많았다면 가족력으로 인해 부모와 아이 모두에게서 불안도가 높을 수 있습니다. 부모의 불안도에 대해서도 살펴봐주세요.

거짓말을 하며 잘 둘러대요

Q 아이가 거짓말을 하고 야단을 치면 잘 둘러대요. 아직 어려도 거짓
말을 하면 바로 혼을 내며 고쳐줘야 할까요?

A 이 시기의 아이가 스트레스 상황에서, 특히 엄마에게 야단맞을 상황에서 긴장하
면 자기도 모르게 이를 모면하기 위한 거짓말을 하기도 합니다. 아이의 거짓말
이 엄마에게 상처를 주기 위한 거짓말이라고 생각되면 엄마도 많이 화가 날 수
있습니다.

하지만 스트레스 상황에서 아이의 거짓말은 상대방을 해치기 위한 목적이 아니
라 야단을 피하고 싶은 심리에서 나오는 둘러대기입니다. 따라서 아이가 하는
말이 거짓말이라고 생각되더라도 야단치지 말고 다시 묻거나 "이상하네" 하는
정도의 반응으로 넘어가 주면 좋습니다.

아이의 거짓말은 어느 경우에라도 엄마를 속이려는 의도를 가졌다고 생각하지
않아야 합니다.

아이의 감정을 읽는
힘이 필요합니다

상대방의 감정을 잘 읽지 못하는 성향의 엄마들은 아이의 표정이나 행동, 목소리를 통해 아이의 감정을 쉽게 읽지 못하므로 아이와의 상호작용 시 어려움을 겪을 수 있습니다.

최근 사람의 얼굴에서 나타나는 감정이나 정서를 누가 더 빨리 정확하게 인식하는지에 대한 연구가 많이 진행되고 있습니다. 그중 고등학생들을 대상으로 얼굴에 나타나는 정서를 얼마나 민감하고 정확하게 인식하는지 분석한 몇 가지 연구결과를 소개합니다.●

첫째, 여자 청소년이 남자 청소년보다 상대방의 감정을 인식하는 민감성과 정확성이 상대적으로 높게 나타났습니다. 특히 남자 청소년의 경우 드러나지 않은 내면에 어려움이 많을수록 부정적인 정서에 대한 민감성이 높았고, 밖으로 드러난 문제에 어려움이 많을수록 상대방의 정서를 인식하는 데 둔하고 정확성도 낮았습니다.

둘째, 우울이나 불안감이 높은 청소년일수록 타인의 얼굴 표정에서 슬픈 정서를 더 민감하게 지각했습니다. 또한, 비행행동이 빈번할수록

● 출처: 〈얼굴 표정 정서 인식 능력과 고등학생의 심리사회적 적응 및 또래관계〉
 (양재원 · 박나래 · 정경미, 한국심리학회지, 2011).

타인의 얼굴 표정에서 공포, 분노, 기쁨과 같은 정서를 인식하는 데 민감도가 낮았습니다. 반면, 타인에 대한 배려가 많은 청소년일수록 얼굴 표정의 정서 인식이 더 정확한 것으로 나타났습니다.

이 연구결과를 참고해보면, 엄마가 아빠보다 아이의 얼굴에 나타나는 정서를 인지하는 민감도는 높을 수 있습니다. 그러나 우울증이나 불안증은 정서 인식의 민감도를 떨어트리므로 상황에 따라서는 육아로 인한 우울증이 덜한 아빠가 엄마보다 아이에 대한 정서 인식이 더 빠르고 정확할 수도 있다고 생각됩니다.

타인의 감정을 읽는 힘이 약한 양육자를 위한 솔루션

① 아이와 지내는 시간을 가능한 한 많이 만드세요. 정서 감정을 잘 읽지 못하는 양육자들이 아이의 심리를 이해하려면 아이와 지내는 시간을 가능한 한 많이 만들어야 합니다.

아이가 넘어져서 몸이 아플 때 어떤 표정을 짓는지, 즐거울 때, 부모의 눈치를 볼 때, 좋아하는 사람을 만났을 때, 곤란한 상황에 놓였을 때 어떤 행동을 하는지 등등을 관찰하세요. 얼굴의 표정과 행동, 짧게 하는 말을 많이 관찰할수록 아이의 심리를 파악할 수 있는 능력이 커집니다.

우리나라 모든 아이 아빠가 아이와의 상호작용능력을 향상할 수 있도록 아빠들에게 3~6개월 이상의 육아휴직을 의무화하는 제도가 꼭 필요하다고 생각합니다.

② 아이가 즐거워하는 놀이장소를 찾으세요. 아이의 심리를 읽기 어려운 양육자는 작은 거실에서 아이와 재미있게 노는 일이 불가능합니다. 아이가 즐거워하는 놀이환경으로 데리고 가서 아이와 상호작용하는 연습부터 시작해야 합니다.

먼저 아이 손을 잡고 동네 산책부터 시작해보세요. 아이가 가고 싶어 하는 곳을 따라가다 보면 무엇에 흥미를 보이고, 기분이 좋을 때 어떤 표정과 행동, 말을 하는지 관찰할 수 있습니다.

실내놀이터에도 가보세요. 정해진 공간에서 아이의 행동을 관찰하기에 좋은 장소입니다. 엘리베이터나 계단 등을 이용해 오르내리는 자극을 주면 아이가 즐거워할 뿐만 아니라 양육자도 쉬면서 관찰할 수 있어 적극 추천합니다.

찜질방도 좋습니다. 온도가 다른 여러 방을 피부로 체험해보는 일 역시 아이의 뇌가 활발하게 움직이도록 도와줍니다. 특히 물이라는 환경은 아이에게 즐거우면서도 두려운 환경입니다. 아이가 부모에게 의지하게 되고 맨살을 맞닿는 경험을 통해 부모가 자신을 보호해준다는 신뢰를 쌓을 수 있으므로 애착관계 형성을 위해서라도 매우 좋은 놀이장소입니다.

단순히 새로운 환경과 놀이를 경험해주기 위해서가 아니라 아이의 얼굴 표정으로 아이의 마음을 읽는 연습을 위해서입니다.

③ 아이 심리를 빨리 파악하는 선배의 도움을 받으세요. 아이의 얼굴 표정과 행동의 의미를 빨리 파악하는 선배 양육자들이 있을 겁니

다. 그들에게 도움을 받으면 빠른 시간 안에 정서 인식능력을 키울 수 있습니다. 모든 직장에 육아동아리 모임이 생기면 참 좋겠습니다.

아이를 때렸다면
사과해주세요

아이가 하기 싫은 것은 절대 하지 않을 때 너무 고집이 세면 때려서라도 가르쳐야 한다고 이야기하는 어르신들이 계십니다. 회초리를 들어서 신체적인 체벌을 가하는 것에 대해 아직도 우리 사회에는 의견들이 엇갈립니다. 엄하게 가르쳐야 할 때 회초리를 드는 부모도 있고, 욱하는 감정으로 한두 번 때린 후 아이에게 심리적으로 문제가 생길까 봐 죄책감에 시달리는 부모도 있습니다.

과거 우리나라의 대표적인 교육기관은 서당이었습니다. 글도 가르치고 생활습관도 가르쳤습니다. 서당에서의 선생님은 훈장님입니다. 훈장님은 나이도 지긋하고 아이의 부모도 존경을 표하는 절대적인 권위를 가진 존재였습니다. 서당에서는 단체생활을 위해 정해놓은 규칙을 지키면 상을 줬고, 지키지 않았을 때 벌이 적용되는데 대표적으로 신체적인 체벌, 바로 회초리가 있었습니다.

회초리를 언제, 몇 대를 어떻게 때릴지는 훈장님의 경험에 의해서 결정됐습니다. 경험이 많은 훈장님은 자신의 감정을 조절하지 못해서 회초리를 들기보다는 정해진 규칙을 아이들에게 제시하면서 회초리를 들었을 것입니다.

요즘 같은 핵가족 시대에 아이를 하나나 둘을 낳는 상황에서 부모가 아이를 이해하는 능력을 갖추고 육아에 많은 경험을 갖추기는 어렵습니다. 초보 부모가 언제 회초리를 들지에 대한 분별력을 갖추고, 피곤한 상황에서도 감정을 조절하며 회초리를 들기란 불가능합니다. 따라서 내 아이를 잘 이해하지 못하고, 부모가 여러 가지 일로 피곤한 상황이라면 안 된다는 메시지를 전하는 수단으로 신체적인 체벌인 회초리는 들지 않기를 권합니다.

만약 아이를 신체적으로 체벌한 이후, 돌이켜 생각했을 때 스스로 감정을 조절하지 못했다고 생각된다면 늦게라도 꼭 사과해줘야 합니다. 물론 믿고 의지했던 부모나 주 양육자로부터 신체적인 체벌을 받으면 아이는 많이 슬퍼하기도 하고 반항심을 갖기도 합니다. 그러나 부모가 사과하면 아이는 고마워하고 흔쾌히 마음의 상처를 잊습니다. 모든 자녀는 자신을 지켜주는 부모가 때렸더라도 용서하고 다시 사랑하면서 의지하고 싶어 합니다.

지난 30여 년 동안 부모가 아이에게 미안하다고 사과할 때 감격하며 부모를 껴안던 아이의 모습을 수없이 봤습니다. 아이가 부모에게 마음의 문을 닫기 전에 빨리 사과해주세요. 아이에게 바람직하게 사과하는 과정은 다음과 같습니다.

① 아이에게 부모가 때렸을 때의 상황을 구체적으로 설명한다.
② 부모가 아이를 때렸다는 사실을 기억함을 알게 한다.
③ 아이가 힘들었을 마음에 공감해주는 말을 한다.

④ 진심으로 미안하다고 아이에게 사과한다.

⑤ 다시는 같은 행동을 하지 않겠다고 약속한다.

⑥ 용서를 구한다.

사과의 예도 들어보겠습니다.

- "지난번에 할머니한테 인사하라고 했는데 네가 인사하지 않았잖아. 그래서 아빠가 네 머리를 한 대 때렸잖아. 네가 할머니한테 인사를 안 한 건 잘못한 거지만 그래도 아빠가 네 머리를 때린 건 잘못한 것 같아."
- "그때 많이 아팠지?"
- "오늘 아빠가 생각해보니까 네가 할머니한테 인사를 안 했어도 아빠가 너를 때리면 안 되는 거였던 것 같아. 아빠가 처음 아이를 키우는 거라 몰라서 실수한 것 같아. 사과할게."
- "그리고 앞으로는 절대로 널 때리지 않을게."
- "○○가 아빠를 용서해주면 좋겠어."

> **"**
> ○○가 아빠를
> 용서해주면 좋겠어.
> **"**

　부모가 사과하면 아이는 부모를 다시 믿고 의지할 수 있게 됐다는 사실에 놀랍게 기뻐합니다. 모든 자녀가 자신을 지켜주는 부모가 때렸더라도 용서하고 다시 사랑하고 싶어 합니다.

　이렇게 사과한 후에는 절대로 다시는 아이를 때리지 말아야 합니다. 다시 아이를 때리면 아이는 부모에 대해서 마음을 문을 영영 닫을 수 있기 때문입니다.

부모님께 드리는 글

좋은 부모에 대한 대답은 당신의 마음이 알려줄 것입니다.
매 순간 어떻게 해야 할지 모를 때 당신 마음에 물어보십시오.
당신 속에 있는 당신의 영혼이 매 순간 가장 지혜로운 부모의 바람과 태도
에 대해 알려줄 것입니다.

당신은 이 새로운 생명에게 가장 좋은 부모라는 사실을 믿으십시오.
당신의 믿음이 당신에게 올바른 판단을 하게 할 것입니다.

당신이 원하는 미래의 아기 모습과 당신의 모습을 그려보십시오.
당신이 진정으로 원하는 그것을 당신은 이룰 수 있습니다.

아기의 부모로서 자부심을 가지십시오.

아기에게 새로운 영혼이 들어갈 때
하늘은 당신에게 이 아기의 부모가 될 수 있는 능력을 함께 주었습니다.
당신 마음의 소리에 귀 기울이고 이 작은 생명과 함께 앞으로 나아가십시오.

부모가 되는 당신,
새로운 생명을 키워갈 당신은 참으로 소중한 영혼입니다.

이전까지는 당신의 삶이 어떠했든 간에 이제 이 새로운 생명 앞에서
당신은 실로 큰 존재이고 하늘과 같은 존재입니다.
이 생명이 당신에게 기대하는 만큼, 당신이 당신 자신에게 기대하는 만큼
훌륭하고 좋은 부모가 될 수 있습니다.

지금 막 태어난 이 작은 영혼에 당신이 가장 적합한 부모입니다.
이 새로운 영혼의 탄생은 당신과 이 영혼이 함께 성장할 수 있는
하늘이 주신 기회입니다.

아기와의 생활에서 얻게 되는 기쁨과 어려움이
당신과 아기의 성장에 도움이 되는 과정임을 기억하십시오.

당신은 당신이 노력하는 만큼 좋은 부모가 될 수 있습니다.
매일 당신이 꿈꿀 수 있는 최상의 부모를 꿈꾸십시오.

작은 활동으로 큰 변화를 가져오는

'집안일 함께하기'
월령별 훈육 가이드

일러두기

- '책 속 부록'에서는 언어이해력 발달에 따라 월령별로 '아기'와 '아이'를 구분하지 않고 모두 '아이'로 표기하였습니다.

아이에게 집안일을 함께할 기회를 제공하세요

'집안일 함께하기'는 아이가 가족을 배려하고 가족과 함께 살아가는 방법을 자연스럽게 알려주는 단순하지만 중요한 활동입니다. 어려서부터 가족들과 집안일을 함께하면서 길러진 감정조절능력과 상대방을 배려하는 능력은 성인이 됐을 때 성공적인 삶을 가져오게 합니다.

미국 미네소타대학의 마티 로스만Marty Rossmann 명예교수는 20대 성인 84명을 대상으로 어떤 요인들이 20대의 성공적인 삶에 영향을 미치는지를 분석했습니다. 아이 때 얼마나 교육을 많이 받았는지가 20대의 성공에 영향을 미치는지, 인지발달 수준, 즉 IQ가 높을수록 20대에 더 성공하는 것인지, 가족 혹은 친구와의 관계가 영향을 미치는지 등 여러 요인을 연구 대상자의 성장과정을 추적해 분석했습니다.

분석 결과, 20대 성인들의 성공에 영향을 미친 가장 큰 요인은 그들이 서너 살 때부터 집안일에 참여했는지 여부였습니다. 서너 살 때부터 집안일을 경험한 경우가 10대 때 처음 집안일을 경험한 경우보다 자립심과 책임감이 모두 높게 나타났습니다. 15~16세가 될 때까지 집안일을 함께하지 않았다면 20대가 됐을 때 성공하는 경우는 매우 낮았습니다.

요즘 부모들은 자녀가 성인이 됐을 때 힘든 일을 하지 않고 성공해서 편안하게 살았으면 하는 마음으로 어릴 때부터 공부에 더 많은 시간을 쓰도록 노력합니다. 그래서 공부 시간을 뺏는 집안일을 시키지 않는 경우가 많습니다. 하지만 이 연구결과는 3~4세 때부터 가족들과 집안일을 함께한 경우에 성인이 돼서 더 성공적인 삶을 살 수 있다고 말하고 있습니다.

물론 이 연구결과가 인생의 모든 경우에 반드시 적용되지는 않겠지만 어려서부터 집안일을 함께하면 단순히 자기 물건을 정리 정돈하는 습관을 들이는 것 이상의 효과를 가져오게 됩니다.

하기 싫은 집안일을 부모가 솔선수범하면서 아이와 함께할 때 아이가 스트레스 상황 속에서 충동적으로 행동하는 경향도 줄일 수 있고 그 결과, 아이의 사회성 발달에도 크게 영향을 미칠 수 있는 것입니다.

대가족이 함께 생활하는 경우에는 아이들의 나이에 따라 해야 하는 집 안일이 정해져 있습니다. 하지만 핵가족이 대부분인 요즘에는 엄마, 아빠 외에 아이가 모방학습을 할 대상과 기회가 그리 많지 않습니다. 따라서 엄마, 아빠와 함께하는 집안일은 아이에게 타인을 배려할 기회를 제공할 뿐만 아니라 일상의 문제를 해결하는 방법을 미리 보여주고 학습하게 해주는 좋은 기회입니다. 그리고 집안일을 하려면 간단한 문장으로 아이에게 말을 해줘야 하므로 아이의 언어이해력 향상과 상황을 파악하는 건강한 눈치도 발달시킬 수 있습니다.

'책 속 부록'에서는 간단한 말귀를 이해하는 생후 17개월부터 월령별 특성을 고려해 아이들이 집안일에 참여할 수 있도록 가이드를 제시했습니다.

집안일을 시키기 전에 준비해야 할 것들

1. 부모는 아이와 한 약속을 지키는 사람이어야 합니다.

2. 부모는 아이의 질적 운동성 수준(몸놀림 수준, 손놀림 수준)에 맞는 집안일 의 범위와 역할을 요구해야 합니다.

3. 집안일에 대한 보상으로 아이에게 무엇을 줄지는 부모가 상의해서 결정 합니다. 단, 집안일은 당연히 함께해야 하는 일이므로 칭찬 이상의 물질 적인 보상이 없어도 좋습니다.

4. 집안일은 가족을 배려하는 일입니다. 따라서 아이가 즐거운 일이라고 생 각할 수 있게 집안일을 시킬 때 목소리 톤을 높여서 즐겁게 말하도록 노 력하세요.

5. 집안일은 어른과 마찬가지로 아이도 하기 싫은 경우가 많습니다. 부모가 아무리 즐겁게 놀이로 유도해도 아이가 집안일을 하기 싫을 때가 있다는 것을 인정해줘야 합니다. 아이가 협조하지 않는다고 해서 화를 내지 않도 록 부모가 감정조절을 해야 합니다.

6. '집안일 함께하기'는 아이가 집에 머무는 동안 반복해야 하는 과제입니 다. 오늘 아이가 협조하지 않았다고 해도 아이의 발달 수준에 맞는 집안 일이라면 다음 날 다시 시도해보세요.

아이에게 집안일을 시킬 때 말하기 노하우

1. 명령형으로 말하기보다는 권유형으로 말해보세요.

   말하기 예1 "○○아, 엄마하고 장난감 같이 정리할까?"

   말하기 예2 "○○아, 엄마하고 장난감 같이 정리하면 좋겠는데?"

2. 규칙으로 정해놓은 일일 경우 규칙을 강조해주세요.

   말하기 예1 "○○아, 이 일은 ○○가 하기로 한 일인 것 같은데…."

   말하기 예2 "장난감 정리해주세요. ○○가 해야 할 일이에요."

3. 보상 규칙을 정한 경우 보상이 주어지는 일이라는 점을 거듭 이야기 해주세요.

   말하기 예 "○○아, 장난감을 치우면 어떻게 하기로 했더라? 엄마가 스티커 한 개 붙여주기로 했지?"

4. 아이가 집안일을 힘들어하는 경우 "도와줄까?" 혹은 "같이할까?"와 같이 말하며 아이를 독려해주세요.

5. 아이가 전혀 협조하지 않으면 침묵해주세요. 권유형으로 거듭 말하고 규칙을 강조해도 협조하지 않을 때는 침묵이 화를 내는 것보다 효율 적입니다. 아이에게 양육자의 마음이 좋지 않음을 알리고 자신의 잘 못을 깨닫게 하는 훈육 효과가 매우 커요.

6. 아이가 적극적으로 협조해줬을 때는 "우아, 정말 많이 컸네!"라는 표 현으로 격려해주시기 바랍니다.

생후 17~32개월 아이
집안일 함께하기

17~32개월 아이의 발달 특성	• 시범을 보여주며 간단한 문장으로 말을 해주면 이해할 수 있다. • 걸어 다닐 수 있으므로 물건을 이동시키는 일이 가능하다. • 엄지와 검지로 작은 물건을 안전하게 집을 수 있다.

• 생후 17~32개월 아이 •

식사할 때

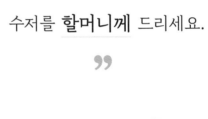

"
수저를 **할머니께** 드리세요.
"

• 생후 17~32개월 아이 •

"

컵을 **아빠께** 드리세요.

"

"

사과를 포크로 찍어서
할머니께 갖다드리세요.

"

| 응용문장 | "딸기를 <u>아빠께</u> 드리세요." |

"
밥그릇을 **싱크대에** 올려놓으세요.
"

정리
정돈할 때

"
기저귀를 **쓰레기통에** 버리고 오세요.
"

"
인형을 **여기에** 넣어주세요.
"

"
신발을 **나란히** 놓아주세요.
"

"
빨래를 **세탁기로** 가져와주세요.
"

"

양말을 <u>세탁 바구니에</u> 넣어주세요.

"

생후 33~48개월 아이
집안일 함께하기

33~48개월 아이의 발달 특성	• 주변 사람들이 집안일 하는 것에 관심을 두고 모방하려는 심리가 강해진다. • 시범을 보여주며 두 문장으로 말해주면 이해할 수 있다. • 몸과 손의 움직임과 민첩성이 간단한 집안일을 하는 데 어려움이 없다. • 남을 배려할 때 자부심이 생기는 것을 알게 된다.

• 생후 33~48개월 아이 •

장을 볼 때

"
아주머니가 주시는 두부
조심해서 여기 **바구니에** 넣어주세요.
"

응용문장	"아주머니한테 **이거 얼마냐고** 물어봐주세요." "아주머니한테 **요구르트는 어디** 있냐고 물어봐주세요." "사장님한테 **우유 큰 거 한 개** 달라고 해주세요."

식사할 때

"
아빠한테
냉장고에서 물 좀
꺼내서 가져다드리세요.
"

응용문장	"아빠가 배가 고프시대요. <u>냉장고에서 치즈도</u> 가져다드리세요."

정리 정돈할 때

여기 장바구니에 있는
물건을 **하나씩** 엄마한테 주세요.

> 여기 계란통에
> 계란을 **하나씩** 넣어주세요.
> 깨지지 않게 **조심조심**해야 해요.

"

채소는 **채소통**에
넣어주세요.

"

"
똑같은 양말 찾아주세요.
"

응용문장	"여기 아빠 양말을 <u>서랍장</u>에 넣고 오세요."

장난감 좀 같이 정리합시다.
아빠가 자동차를 줄 테니까
자동차 자리에 놓아주세요.

"

양말을 **나란히** 널어주세요.

"

| 응용문장 | "빨래 널어야 해요. **하나씩** 가져다주세요." |

"
물이 쏟아졌어요.
마른걸레가 부엌에 있어요.
가져다주세요.
"

응용문장	"**행주로** 식탁 좀 닦아주세요."

타인을
배려할 때

"
엄마가 동생을 안아야 해요.
방문 좀 열어주세요.
"

응용문장

"엄마가 양손에 물건을 들어서 불을 켤 수가 없어요.
불 좀 켜주세요."
"엄마 신발하고 우리 ○○ 신발 좀 **나란히 놓아주세요.**"

"

엄마가 바쁘니까 친구한테
과자를 나누어주세요.

"

> **너무 더우니까** 경비 아저씨
> 냉커피를 가져다드리고 오세요.

"
아파트 청소하는 아주머니 **힘드시니까**
음료수 드시고 **힘내시라고** 말해주세요.
"

"
오늘 ○○이 생일이니까
떡 드시라고 옆집에 가져다드리고 오세요.
"

48개월 이후 아이
집안일 함께하기

48개월 이후 아이의 발달 특성	• 일상적인 대화를 이해하는 데 어려움이 없다. • 설거지, 청소, 정리 정돈을 위한 몸과 손의 움직임에 어려움이 없다. • 남에게 도움을 구하기도 하고 주기도 하면서 생활해야 한다는 것을 인지할 수 있다.

• 48개월 이후 아이 •

식사할 때

"
여기에 **할아버지, 할머니,
아빠, 엄마, 동생** 수저를
놓아주세요.
"

응용문장	"**컵도** 다 놓아주세요." "식탁 위의 **빈 그릇을** 모두 **아빠한테 가져다주세요.**"

"

여기 서서 엄마가 그릇을 닦으면
물로 헹궈주세요.

"

응용문장	"물 묻은 그릇을 <u>마른행주로</u> 닦아주세요."

320

"
칼로 딸기를 반으로
잘라주세요.
"

응용문장	"딸기를 <u>물로</u> 살살 <u>씻어주세요.</u>"

정리
정돈할 때

"

깡통은 여기다 넣고
종이는 여기다 넣어서
분리수거합시다.

"

"
침대 이불을 **반듯하게** 놓아주세요.
"

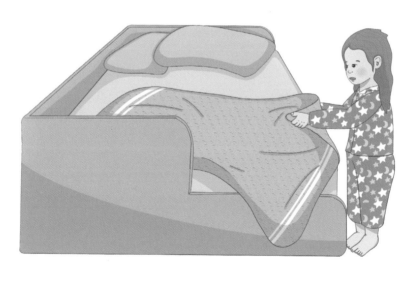

"
이불 시트를 **같이** 갈아주세요.
"

| 응용문장 | "베갯잇을 갈아주세요." |

타인을
배려할 때

"

할아버지께 테이블 위에 있는
돋보기안경을 **가져다드리세요.**

"

"

화장실에 휴지가 없으니
새 휴지로 갈아주세요.

"

| 응용문장 | "화장실에 치약이 없어요. <u>새것을 꺼내 놓아주세요.</u>" |

"
화장실 수건을 빨래통에 넣고
<u>새 수건을 가져다 걸어주세요.</u>
"

"
아빠하고 세차를 **같이해주세요.**
"

"

동생에게 코트를 좀 **입혀주세요.**

"

응용문장	"동생에게 **분유를** 좀 **먹여주세요.**"

"
강아지에게 **밥하고 물** 좀 주세요.
"

화분에 물 좀 주세요.

감정조절 아기훈육법

초판 1쇄 발행일 2024년 5월 10일
초판 3쇄 발행일 2024년 8월 14일

지은이 김수연

발행인 조윤성

편집 강현호 **디자인** studio O-H-! **일러스트** 송선인 **마케팅** 서승아

발행처 ㈜SIGONGSA **주소** 서울특별시 성동구 광나루로 172 린하우스 4층(우편번호 04791)
대표전화 02-3486-6877 **팩스(주문)** 02-585-1755
홈페이지 www.sigongsa.com / www.sigongjunior.com

ISBN 979-11-7125-339-5 (13590)

*SIGONGSA는 시공간을 넘는 무한한 콘텐츠 세상을 만듭니다.
*SIGONGSA는 더 나은 내일을 함께 만들 여러분의 소중한 의견을 기다립니다.
*잘못 만들어진 책은 구입하신 곳에서 바꾸어 드립니다.

WEPUB 원스톱 출판 투고 플랫폼 '위펍' __wepub.kr
위펍은 다양한 콘텐츠 발굴과 확장의 기회를 높여주는
SIGONGSA의 출판IP 투고·매칭 플랫폼입니다.